生态文明建设的
理论与实践路径研究

张芳芳 ◎著

中国书籍出版社
China Book Press

图书在版编目(CIP)数据

生态文明建设的理论与实践路径研究 / 张芳芳著.
北京：中国书籍出版社, 2025. 2. -- ISBN 978-7-5241-0238-0

Ⅰ．X321.2

中国国家版本馆CIP数据核字第2025398WU6号

生态文明建设的理论与实践路径研究

张芳芳　著

丛书策划	谭　鹏　武　斌
责任编辑	毕　磊
责任印制	孙马飞　马　芝
封面设计	守正文化
出版发行	中国书籍出版社
地　　址	北京市丰台区三路居路97号（邮编：100073）
电　　话	（010）52257143（总编室）　（010）52257140（发行部）
电子邮箱	eo@chinabp.com.cn
经　　销	全国新华书店
印　　厂	三河市德贤弘印务有限公司
开　　本	710毫米×1000毫米 1/16
字　　数	226千字
印　　张	14.25
版　　次	2025年5月第1版
印　　次	2025年5月第1次印刷
书　　号	ISBN 978-7-5241-0238-0
定　　价	98.00元

版权所有　翻印必究

目 录

第一章　生态文明建设的基础理论　　1

　　第一节　生态文明的概念与内涵　　1
　　第二节　生态文明建设的理论基础　　6
　　第三节　生态文明建设的核心价值　　14

第二章　生态文明建设的科学技术发展　　20

　　第一节　科学技术的发展与人类文明的进步　　20
　　第二节　科学技术的发展对生态文明的影响　　27
　　第三节　建设生态文明的科学技术发展道路　　31
　　第四节　绿色技术推动生态文明建设　　38

第三章　人与自然和谐共生　　49

　　第一节　人与自然和谐共生的理论渊源　　49
　　第二节　人与自然和谐共生的主要内容　　59
　　第三节　推动人与自然和谐共生的意义　　64
　　第四节　人与自然和谐共生现代化的实践路径　　69

第四章 资源环境可持续发展 74

第一节 资源环境与可持续发展基础理论 75
第二节 资源环境可持续发展的必要性 86
第三节 自然资源的可持续利用 90

第五章 生态文化建设 94

第一节 生态文化的内涵、意义 94
第二节 弘扬中国生态文化建设 101
第三节 生态文明视域下生态文化建设的路径 110

第六章 生态治理能力提升与数字系统构建 129

第一节 生态治理的含义 129
第二节 生态治理面临的主要问题及原因 132
第三节 全球生态治理的经验 141
第四节 生态治理能力提升对策 150
第五节 生态文明建设视阈下数字生态治理系统的构建 153

第七章 生态文明建设的典型案例 161

第一节 浙江临平区绘就绿色高质量发展生态画卷 161
第二节 人与自然和谐共生的厦门实践 169
第三节 秦岭特色小镇可持续发展研究 178
第四节 基于生态文明的那达慕文化文旅融合发展 186
第五节 数字化转型推进黄河流域怀川地区生态治理 194

目 录

第八章 地理教学中融入生态文明教育的对策 202

第一节 地理课程与生态文明教育的内在联系 202
第二节 地理教学中融入生态文明教育的现状 205
第三节 地理教学中融入生态文明教育的策略 212

参考文献 218

第一章 生态文明建设的基础理论

在21世纪的今天，随着全球化和工业化的深入发展，环境问题日益凸显，资源短缺、能源匮乏、生态退化、气候变化等问题已经成为制约经济社会可持续发展的重大瓶颈。面对这些挑战，人类社会开始深刻反思传统的发展模式，并积极探索一条人与自然和谐共生的新路径。正是在这样的背景下，生态文明建设应运而生，成为推动全球可持续发展的关键力量。

第一节 生态文明的概念与内涵

一、生态文明的概念

生态文明是指人类在经济社会活动中遵循自然规律，积极改善和优化人与自然的关系，其终极目标是实现经济、社会和自然三者的和谐共生。生态文明社会的一个显著特征是和谐，这不仅体现在人际关系上，也体现在人与自然、人与社会的关系上；它不仅关乎物质文明的建设，也与精神文明的建设紧密相关。由于其涉及范围广泛，建设生态文明社会是一项庞大的系统工程，而非局限于局部的小型项目。

二、生态文明的特征

（一）必然性

21世纪是生态文明爆发时代，是历史演进的必然选择。一是工业文明的发展有力地推动着社会生产力的飞跃，但"黑色发展"造成的人与自然关系失衡，催生着人与自然和谐发展的新思想。二是随着生产力水平的大幅提升，特别是科技革命助力改变了原有的社会生产能力布局，为生态文明建设提供了强大支撑和广阔空间。三是文明理念的深入人心和科技的不断革新，深化生态文明建设成为可能，并将以席卷之势播撒着人类社会文明进步的新格局。

（二）知识性

在文明发展的高级阶段，经济发展依靠的主动力是人的智慧和能力。在投入要素上，更侧重于智力开发、科学知识的积累和技术进步的推进。正是在这些方面，与历史上依靠资金和资源、环境、生态的高投入、高消耗的发展模式形成了鲜明对比。传统文明时代主要是依靠物质形态的力量推动发展，如农业文明依赖的是土地、水利等资源；工业文明依赖的是资金、资源、环境、生态等都是物质财产。生态文明时代是以知识技术为主导，所以也可以称之为知识经济时代。在知识经济时代，新知技层出不穷，新工艺、新材料、新业态扑面而来，不仅带来了技术上的革命，而且人们的生产方式、生活状态伴随着经济技术文化的革新，发生巨大而深刻的变化。

第一章　生态文明建设的基础理论

（三）循环性

在经济运行过程中，生态文明所体现的本质特征实际上是遵循并反映地球生物圈中物质循环运动的规律。从生态学的角度看，一个完整健康自然生态系统的基本职能，是在太阳辐射和宇宙物质的参与下，通过生产者（如植物）的创造性活动，把地球上丰沛的存在多种化学态的无机物转变为有机物，经过消费者（如动物）的消费活动，将这些有机物转变为自己生命活动所需的能量和物质；最后分解者（如细菌和真菌）通过分解作用，又将有机物变成无机物，重新参与大自然的物质循环。这种循环使整个系统永葆生机和活力。

生态文明的经济运行正是基于对这种自然生态系统物质循环和能量流动规律的深刻理解和模拟，重构经济系统，使其能够更加符合自然规律。在这种经济模式下，整个经济活动被设计成一个"资源—产品—再生资源"的循环模式，不断地向前发展。这意味着资源在被利用后，能够通过各种方式被重新转化为可用资源，从而实现资源的重复使用。通过这种方式，经济活动尽可能地减少了资源的浪费，降低了对生态环境的破坏，从而最大限度地降低了自然成本，实现了经济发展与生态环境保护的和谐共生。

（四）差异性

从全球来看，发达国家在生态文明的物质建设方面走在前面。它们不仅在环境保护和生态修复方面投入大量资金，还在可持续发展和绿色经济方面取得了较好成绩。与此同时，一些发展中国家在价值观念和思想认识方面也有很大进步。中共十八大把生态文明建设放在突出位置，提出确保实现"生态安全"的必要性和紧迫性，体现了国家层面对生态文明建设的重视；十九大报告中指出，"建设生态文明是中华民族永续发展的千年大计。必须树立和践行绿水青山就是金山银山的理念，像对待生命一样对待生态环境"；二十大提出"推动绿色发展，促进人与自然和谐共生"。生态文明建设不仅需要坚实的工业基础和技术支撑，而且需要配套的经济结构和文化氛围以及与时俱进的思想观念。目前，发达国家与发展中国家之间，甚至同一国家内部不同地区之间，在经济、科技领域存在的贫富、强弱差异仍然显著。一些发达国家在环保技术和绿色产业方面遥遥领先，而一些发展中国家则在这些领域相对落后。此外，行业间存在割据，领域间存在分离，导致生态文明建设的协同效应难以充分实现。因此，生态文明在不同国家和地区的健康、均衡发展仍面临较大挑战。要实现全球范围内的生态文明建设，需要各国共同努力，加强国际合作，分享经验和技术，缩小发展差距。同时，还需要在全社会范围内普及生态文明的理念，提高公众的环保意识，形成全社会共同参与的良好氛围。只有这样，才能真正实现人与自然的和谐共生，推动全球生态文明建设迈向更高的水平。

三、生态文明的基本构成要素

在人类文明的起源时期，生态文明的理念便已悄然萌芽。经过漫长的演进，众多生态要素逐渐形成并融合，构筑了现今的生态文明体系。生态文明的基本构成要素主要包括以下几方面：

（一）生态产业

生态产业作为生态文明的重要基石，不仅奠定了其物质层面的坚实支撑，更深刻映射出人类对传统经济发展路径的深刻省思与积极调整。生态文明理念的核心在于推动生态经济系统摆脱单一经济效益的桎梏，迈向涵盖社会效益与生态效益在内的全面、可持续的发展模式。这一转变，其核心价值取向聚焦于构建人类与生物圈之间的和谐共生关系，以此为指针，引领生产力发展的新方向。

为了实现这一目标，必须勇于摒弃传统上那种高生产、高消费伴随高污染的工业化发展模式，转而拥抱以生态技术为核心驱动力的新型发展道路。通过生态技术的广泛应用与不断创新，促进社会物质生产过程的全面生态化转型，实现从源头到终端的绿色化、低碳化、循环化。

第一章　生态文明建设的基础理论

随着这一转型的深入，生态产业将在整个产业结构中逐渐占据主导地位，成为驱动经济增长的关键力量。它不仅能够有效提升资源利用效率，减少环境污染，还能促进就业增长，增强社会福祉，实现经济效益、社会效益与生态效益的和谐统一。因此，发展生态产业不仅是生态文明建设的必然要求，也是推动经济社会可持续发展的必然选择。

（二）生态文化

生态文化是生态文明建设的深层动力和智力源泉，它为生态文明提供了坚实的思想基础和理论支撑。生态文明不仅仅是一种新的发展理念，更是一种涉及人类思维方式和价值观念的重大转变。要真正实现生态文明，我们必须将生态文化放在首位，以生态文化为先导，构建一个以人与自然和谐发展为核心的理论体系。这种理论体系是对人与自然之间关系的深刻反思，也是对这种关系变化的理性升华。

在这一过程中，我们需要超越传统的"人类中心主义"价值观，这种价值观往往将人类的利益置于自然之上，忽视了自然环境的内在价值和生态系统的平衡。相反，我们应该重建一种"有机论自然观"，这种观念认为人类与自然是一个统一的整体，彼此之间存在着相互影响和相互依存的关系。通过这种观念的转变，我们能够更加全面地理解和尊重自然，从而在实践中更好地保护和利用自然资源，实现人与自然的和谐共生。

（三）生态消费

生态消费是生态文明建设的群众基础。生态消费模式以维护生态平衡为前提，是在满足人民群众基本生存和发展需求的基础上，倡导健康、有益、绿色的消费方式。我们必须从环境损害型消费转变为环境保护型消费，坚决摒弃过度物质追求，积极倡导低碳、绿色、生态的消费理念。在日常生活中，我们应注意每一个生态细节，推动消费生活的生态化。只有这样，健康有益的消费模式才能引导社会生产乃至整个社会经济朝着正常、可持续发展的方向前进。

（四）生态制度

生态制度是生态文明体系中的坚实基石，为生态文明保驾护航。为深化生态文明建设，政府需加大力度，优化生态环境保障制度的框架。政府应制定一系列制度，以助力生态文明宏伟蓝图的实现。一方面，应构建具有前瞻性的生态战略规划制度，摒弃短视思维，将人与自然和谐共生的理念及可持续发展的战略深植于国民经济发展与宏观决策的核心；另一方面，应打造公正透明、规范有序的生态制度环境，有效调和各利益群体间的生态分歧，同时确保生态制度能够广泛普及，并得到有效执行。

唯有全面协调生态文明建设的各个关键环节，方能确保生态文明持续、稳健地向前发展，为社会主义伟大事业提供坚实的理论支撑，为构建更加和谐美好的社会注入强大动力。

第二节 生态文明建设的理论基础

一、人本生态

"人本生态"是21世纪人类对建设生态文明时代呼声的回应，它进一步探索了人与自然之间新型的关系，并体现了人类文明在生态领域的一种表现形式。

（一）人本生态与以人为本

"人本生态"与"以人为本"作为两个独立的理念，它们各自承载着独特的内涵，并在某些方面相互交织。尽管两者都肯定了人的力量与价值，但

"人本生态"强调的是人与自然之间的和谐共处，倡导的是一种双赢的哲学，即将"人与自然视为一个不可分割的整体"。而"以人为本"的理念，尽管强调人的核心地位，但其片面的人类中心主义倾向，却正是"人本生态"所力图超越和避免的。

（二）人本生态与人类中心主义、非人类中心主义

"人本生态"与"人类中心主义"虽在关注人类及其重要性上存在共通之处，但两者在核心理念与实践导向上存在本质区别。人本生态观强调在人类社会经济活动实践中，肯定人的主体地位与意识能动性，同时倡导一种更为和谐共生的自然观，不单纯以人类为中心，而是寻求人与自然之间的平衡与相互尊重。相比之下，传统的人类中心主义则是一种较为狭隘的伦理观念，它将人类视为宇宙的中心和价值的唯一尺度，所有行动和决策均围绕人类的利益最大化展开，忽视了自然界的内在价值和生态系统的整体性。在这种观念下，人成为价值判断的唯一主体，符合人类利益的行为被视为正确和合理的。然而，随着现代生态伦理学的兴起与发展，人们开始重新审视人与自然的关系，非人类中心主义的思潮逐渐兴起并形成了多个流派。这些流派挑战了人类中心主义的独尊地位，强调自然界的内在价值、生态系统的完整性和生物多样性保护的重要性。非人类中心主义与人类中心主义之间的争论，不仅限于学术层面，更深入到社会实践和公共政策的制定中，成为国内外广泛关注和讨论的话题。

二、生态育人

新时期，生态文明建设呼唤新的育人理念，以唤醒生态主客体人格、培育生态文明意识、营造生态文化氛围为基本路径的生态育人理念必将为生态文明社会的构建提供有益的支持。

（一）生态育人的根本目的

生态育人的根本目的在于塑造公民良好的生态行为习惯，以此推动人类社会的全面发展。为了实现这一崇高目标，必须不遗余力地培养公民的生态文明意识。这一意识的形成是一个由无到有、由弱到强的历史过程，它既是社会发展的必然产物，也是文明进步的显著体现。

（二）生态育人的实现路径

生态文明基地的建设与理念的广泛传播，对于构建和塑造社会成员的生态意识至关重要。生态文明基地不仅是生态教育的典范，更是引领社会向生态文明迈进的重要力量。在教育过程中，教育者通过组织学习者参观这些基地，让他们亲身体验生态之美，从而在不知不觉中受到生态文明的熏陶和影响，实现教育效果的自然渗透。同时，在新媒体技术的推动下，利用互联网、电视、广播等多种渠道，广泛传播生态文明理念，有效提升了公众的生态文明认知与意识，促进了全社会对生态文明建设的共同关注与积极参与。

树立榜样是生态育人体系中主体人格培育的迫切需求。在历史的长河中，人类不仅在与严酷自然环境的较量中，也在与社会负面势力的斗争中，持续编织着对理想社会的憧憬与向往。这一过程中，人类不仅追求着社会的全面进步，更在不懈的奋斗中雕琢自我，铸就了独特的人格魅力与力量。榜样之所以被世人所敬仰，是因为他们如同璀璨星辰，映照出人类共有的优秀品质——进步的精神、崇高的道德情操以及坚韧不拔的意志。这些特质在榜样身上熠熠生辉，激励着每一个人向善向上，展现出人格之美的无限魅力，其感染力之强，难以抗拒。因此，将高尚的人格之美与人性光辉作为思想政治教育工作的催化剂，是提升教育实效性的关键途径。在实践中，运用榜样的人格力量感染人、启迪人，需遵循以下核心原则：

第一，强调榜样的先进性。先进性是榜样人物的灵魂所在，它紧密贴合时代脉搏，反映了社会进步对个体思想道德的期望与要求。通过树立这样的榜样，能够引领社会风尚，激发人们的向上动力。

第二，确保宣传的真实性。在颂扬榜样事迹、弘扬其高尚人格时，必须坚持实事求是的原则，确保所有信息准确无误，评价客观公正，结论经得起时间的检验。唯有如此，才能赢得公众的信任与尊重，使榜样精神深入人心。

第三，注重榜样的多样性。在构建榜样体系时，应充分考虑不同领域、不同层次的需求，树立多样化的先进典型。这既包括全面发展的综合性榜样，也涵盖在某一领域或某一方面有突出表现的专项榜样。这样的布局能够更广泛地覆盖社会各个群体，满足不同人群的学习需求，增强榜样教育的针对性和实效性。

塑造环境是生态育人模式下促进客体全面发展的关键优化策略。马克思主义深刻揭示，人是环境的产物，个体的成长轨迹深刻烙印着环境的印记，脱离环境影响的纯粹个体构想是不切实际的。据此，我们认识到，要培育健全的人格与性格，首要任务是营造一个合乎人性发展的环境。人作为社会性生物，其天性的真正展现与潜能的充分挖掘，唯有在社会的广阔舞台上才能实现，且这一评判应置于社会整体进步的视角之下，而非局限于个体力量的单一考量。思想政治教育作为塑造人、引导人的重要途径，其成效直接受制于教育环境。一个积极、健康、向上的教育环境能够为思想政治教育提供肥沃的土壤，促进主体与客体的良性互动，明确教育目标，丰富教育内容，创新教育方法。因此，优化思想政治教育环境，成为提升教育效果、促进客体全面发展的必然选择。具体而言，优化思想政治教育环境应从多维度、多层次入手。

第一，家庭环境，作为个体成长的最初摇篮，应通过树立良好家风、构建和谐家庭关系、提升家庭成员文化素养等方式，为子女提供温馨、积极的成长氛围。

第二，校园环境，作为知识传授与品德塑造的重要场所，需强化校风学风建设，提升师德水平，净化校园文化，营造积极向上的学习氛围。

第三，单位环境，通过培养优秀员工，构建和谐的团队文化，激发员工的潜能与创造力。

第四，社区环境，树立文明新风，促进邻里和谐，为居民提供安全、舒适的居住环境。

第五，社交环境，倡导健康向上的社交观念，促进人与人之间的真诚交流，助力个体身心健康。

第六，社会大环境，通过完善法律法规、弘扬社会主义核心价值观、加强社会治理等举措，为思想政治教育奠定坚实的社会基础，让个体在更加公正、和谐的社会环境中茁壮成长。

生态实践是生态育人理念得以落地生根的基本要求。马克思主义认识论强调，实践是认识的源泉和动力，这一原则同样适用于生态文明思想教育。与传统思想政治教育相似，生态文明教育也需植根于实践活动之中，方能彰显其生命力与影响力。具体而言，通过组织教育主体与客体参观生态文明示范基地，亲身体验绿色发展的魅力，以及实地探访生态环境受损区域，直观感受污染之殇，这种鲜明对比的生态文明实践教育，能够深刻触动人心，产生深远的教育效果。相比之下，脱离实践的纯理论灌输，往往显得苍白无力，难以激发受教育者的共鸣与行动。然而，我们也应清醒地认识到，思想政治教育实践并非毫无瑕疵。在实践中，可能面临教育内容深度不足、效果难以持久、形式主义倾向等问题。因此，为确保生态实践教育的有效性与实效性，在实施过程中需特别注意以下几点：

第一，精心策划活动，确保活动既能发挥教育引导功能，又能增强团队凝聚力。

第二，强化活动的服务导向，满足教育对象的实际需求。

第三，不断创新活动形式，保持教育的新鲜感与吸引力。

第四，持之以恒，注重实效，根据不同地区、不同群体的特点，灵活调整策略，确保教育成果真正落地生根。

坚定不移地走群众路线是构建生态育人和谐共生格局的基石。激发并依靠人民群众的首创精神是生态文明思想教育取得丰硕成果的关键所在。群众观点作为我党的根本政治立场，其指引下的群众路线，无疑是生态文明思想教育蓬勃发展的生命线。鉴于教育主体与客体的多元化特性，生态文明思想教育的深化与拓展离不开广大人民群众的积极参与和鼎力支持。

多元参与策略是实现生态育人和谐共赢的核心路径。它倡导在教育过程中，教育者与受教育者应秉持开放包容的态度，尊重并欣赏个体差异，通过广泛的协商与共识，促进多样性之间的和谐共存、协作共进，最终实现思想政治教育的根本目标。和谐的价值在于它能够巧妙地平衡多元性与差异性，构建出一个既有序又充满活力的统一体。面对思想政治教育工作中多元主体的并存及不同利益诉求的挑战,实现共赢的关键在于融入多元和谐的价值理念,具体实践路径包括以下几方面:

第一,对当前思想政治教育进行全面深入的调研,摸清底数,据此制订科学合理的工作规划。

第二,清晰界定思政工作的职责范围,确保各环节无缝衔接,避免工作盲区与重叠。

第三,吸收传统思政智慧,借鉴国际道德教育先进经验,为思政工作注入新的活力。

第四,探索党政工团协同合作的生态育人新模式,通过优化管理架构、创新运行机制,整合各方资源,形成上下联动、左右协同的工作格局。

具体而言,需强化组织引领,培养骨干力量,巩固教育阵地,创新活动载体,以活动促成效,最终构建起一个党政工团齐抓共管、共同推动思想政治教育事业持续健康发展的新型生态育人体系。

三、生态伦理

生态伦理作为一种深入探索人与自然间关系的道德哲学,其核心在于体现并倡导对自然环境的伦理关怀。随着人类社会的不断进步,人类自我意识亦随之觉醒与升华,对普遍自由与和谐共生的伦理追求成为人类发展的内在动力。生态伦理正是这一追求在人与自然关系上的具体体现,它代表了人类对于最大限度保障自身自由与和谐的深刻思考。该伦理观念根植于人与其他生物共有的生命本质,强调了对所有生命的尊重与爱护,倡导人类应以伦理的视角审视并对待自然,实现"关爱自然"的核心理念。这一过程不仅体现在人类将自身的道德意识扩展至自然界,促使自然成为人类伦理关怀的对象;同时,也是自然的力量与法则逐步内化为人类精神世界的一部分,实现人与自然的深层次交流与融合。生态伦理因此成为人类本质中社会性与自然性高度统一的体现,它超越了单纯的人类中心主义,倡导在人与人之间、人与自然之间构建一种新型的和谐关系。

（一）道德哲学给生态伦理提供了理论支撑

道德哲学亦称伦理学，是一门专注于人类道德伦理领域研究的学科，致力于对道德伦理问题进行系统化和理性化的思考。该学科的范畴极为广泛，其中生态伦理学作为研究人与自然关系的道德维度，自然也涵盖于道德哲学的研究范畴之中。为了实现对生态伦理学的全面和深入探索，必须依托道德哲学所提供的坚实的理论基础作为支撑。

第一，生态伦理的孕育与演进深深植根于道德哲学的沃土之中，后者为其提供了坚实的理论基础。生态伦理，本质上是一种价值观体系，旨在指导人类如何妥善处理与自然界的相互关系。在这一框架下，人类需审视自身在经济社会迅猛发展过程中的角色定位，明确自身在自然界中的价值创造、对自然的态度、所处的地位以及与自然之间错综复杂的关系，并对此形成根本性的认知与见解。这些核心问题的解答，直接引领着生态文明思想教育的航向，明确了其教育宗旨与使命。道义论作为道德哲学的一个重要分支，尤为聚焦于人类行为本身的道德属性，即善与恶的评判。受此哲学思想启迪，一系列具有深远影响的生态伦理理论应运而生，如泰勒的生物中心主义天赋价值论、雷根的动物权利论，以及霍尔姆斯·罗尔斯顿的自然内在价值论等。这些理论共同倡导，生态文明建设的终极目标，不仅局限于维护人类自身的福祉，更在于守护生态环境本身的独立价值与完整性。这一理念的提出，极大地丰富了生态伦理的内涵，拓宽了生态文明建设的视野。因此，道德哲学不仅是生态伦理形成与发展的理论基石，还深刻影响着生态文明思想教育的核心理念、实施路径及教育内容等多个层面。它促使我们超越狭隘的人类中心主义视角，以更加宽广的胸怀和深远的眼光，审视并践行人与自然和谐共生的理念，为生态伦理的繁荣与生态文明建设的推进奠定了坚实的基础。

第二，道德哲学为生态文明思想教育的发展指明了方向。道德哲学在生态文明思想教育中发挥着至关重要的作用，它引导我们确立科学的价值判断、价值标准和价值取向。以辛格的动物解放论、史怀泽的"敬畏生命"生命伦理学、阿提费尔德的生物中心主义等理论为指导，生态文明思想教育可能会过分关注动植物权利,而忽略了生态环境的整体利益。必须明确指出,这种个体论的视角仅聚焦于动植物个体的价值,甚至认为人类仅对动植物个体负有责任,这种观点是片面的。因此,生态文明思想教育必须强调生态系统的整体性和可持续发展的重要性。在不损害其所属种类的前提下,动植物个体的某些牺牲是可以接受的,这是为了实现生态平衡和长远发展的必要考量。

(二)加强生态伦理教育在新时期所体现的价值作用

1.加强生态伦理教育有利于生态效果的提升

生态伦理教育的实效性是衡量教育主体在生态伦理教育实践活动中对受教育者所产生的影响力和价值实现程度的重要标尺。评判其实效性的高低,关键在于审视生态伦理教育实践活动的实际成果。若这些成果能够紧密契合预设的教育目标,对受教育者的思想认知、行为模式产生积极且深远的影响,并有效推动生态伦理教育价值目标的实现,那么这样的教育效果便是积极正面的,值得肯定的。反之,若未能达到上述标准,则视为教育效果欠佳,需加以改进。

生态伦理教育的实效性受到多方面因素的共同影响,包括但不限于教育环境的优劣、教育主体的专业素养与能力、政府政策的支持力度以及受教育者的个体差异等。然而,在诸多条件相对一致的前提下,教育主体所采用的教育方法与策略往往成为决定教育成效的关键因素。因此,应当积极探索科学、合理、有效的生态伦理教育实现路径,以期在协调平衡教育内部各要素及其矛盾关系的基础上,促进这些要素之间的有机融合与相互转化,进而将生态伦理教育的理念与精神深植于受教育者的心田,引导他们将所学所得转化为实际行动,共同推动生态文明建设向更高水平迈进。

2.加强生态伦理教育有利于生态伦理教育学科的发展

加强生态伦理教育不仅对于培养公众的生态意识和责任感至关重要,而且也是推动生态伦理教育学科发展的重要途径。这一过程涉及实践方法与方法论之间的紧密互动,共同构成了生态伦理教育发展的双轮驱动。

生态伦理教育的实践方法是其方法论研究的基石。通过不断探索和实践，我们可以积累丰富的教育经验，形成多样化的教学手段和方法。这些实践方法不仅为生态伦理教育提供了具体可行的操作指南，还为方法论研究提供了丰富的素材和案例。方法论是对这些实践方法的深入总结和理论提升，它帮助我们从更高的层次上理解和把握生态伦理教育的本质和规律，为教育实践提供科学的指导。

方法论的发展对生态伦理教育实践方法具有显著的规范和促进作用。方法论作为理论体系和学术指导，能够引导教育实践者在实践中遵循科学的原则和方法，避免盲目性和随意性。同时，方法论的不断完善和创新也能够推动实践方法的不断更新和升级，使生态伦理教育更加符合时代发展的需要。

从发展的角度来看，加强生态伦理教育面临着新的形势和挑战，这也为生态伦理教育实践方法的发展提供了新的机遇。随着全球环境问题的日益严峻和人们对生态保护意识的不断提高，生态伦理教育的重要性日益凸显。因此，我们需要不断研究和探索适应新时代要求的生态伦理教育实践方法，推动其与时俱进、创新发展。

第三节　生态文明建设的核心价值

一、生态文明是人类历史和世界文明发展的潮流

（一）生态文明是人类文明发展的历史趋势

自古以来，人类文明历经了原始文明的萌芽、农业文明的耕耘，直至工业文明的飞跃，这三个阶段共同构筑了人类文明历史发展的基石。然而，随着工业文明与信息时代的双重浪潮不断推进，人类社会开始深刻反思传统发

展模式，生态文明的概念应运而生，引领着人类文明迈向一个全新的发展阶段。

在工业文明的光辉岁月中，社会经济的快速增长被奉为至高无上的目标，人们不遗余力地追求经济价值的最大化，却往往忽视了这一过程中对环境造成的沉重代价。长达三百多年的工业化进程，虽然极大地推动了社会进步，但也对自然环境造成了前所未有的破坏，成为人类历史上生态环境受损最为严重的时期之一。面对这一严峻现实，马克思的深刻洞察——"人类转变的顶点就是生态危机"——犹如警钟长鸣，预示着工业文明的发展模式已至其极限，亟待被一种更加和谐、可持续的生态文明所取代。未来文明的主导范式，无疑将聚焦于生态文明之上，强调人与自然的和谐共生，追求经济、社会与环境的全面协调发展。

历史的车轮滚滚向前，人类文明的发展轨迹清晰地表明，向生态文明转型是不可逆转的历史潮流。因此，建设具有中国特色的社会主义生态文明，不仅是对这一历史趋势的积极响应，更是中华民族实现永续发展、造福子孙后代的明智选择。

（二）生态文明是推动现代化发展的必然要求

在开创中国特色社会主义事业新篇章的征途上，中国共产党深刻认识到，社会主义的完整形态远不止于经济、政治、精神文明的简单叠加，它是一个追求全面进步与和谐共生的综合体系。这一认识促使我们更加重视民主法制的完善、文化艺术的兴盛、社会的和谐安宁以及生态环境的秀美，它们共同构成了社会主义全面发展的必要元素。党的十七届四中全会具有里程碑意义，它将生态文明建设提升至前所未有的战略高度，与经济、政治、文化、社会建设并列为五大建设领域，构建了中国特色社会主义事业的"五位一体"总体布局。随后，党的十八大报告正式确认了这一战略框架，为新时代的中国特色社会主义发展指明了方向。这五大建设领域紧密相连，相互促进，形成了一个不可分割的有机整体。尤为重要的是，生态环境的保护与建设是基础中的基础，没有健康的生态环境作为支撑，任何物质与精神文明的繁荣都将难以持续。试想，在污染严重、生态失衡的环境下，即便物质财富堆积如山，也无法带来真正的幸福与满足。因此，我们必须将生态文明建设作为实现中华民族伟大复兴的重要基石，努力建设一个让十几亿人民共享的高水平小康社会，进而迈向富强、民主、文明、和谐、美丽的社会主义现代化国家。生态文明建设不仅是宏大的愿景，更是需要我们脚踏实地去实践的任务。它要求我们在法律制度上完善环保法规，提高违法成本；在思想意识上普及生态伦理，树立绿色发展观；在生活方式上倡导低碳环保，减少资源浪费；在行为方式上推广绿色生产，促进循环经济。

回望历史，人类文明经历了从原始文明到农业文明，再到工业文明的跨越式发展，而今正站在向生态文明时代迈进的门槛上。面对全球经济快速增长带来的资源环境压力，我们必须深刻变革发展理念，推动经济增长方式的根本性转变。生态文明以其独特的生态理念、先进的技术手段、创新的制度设计和绿色的经济模式，为解决经济发展与生态保护之间的矛盾提供了新的思路和路径，不仅能够有效应对当前的环境危机，更为人类的长期可持续发展描绘了美好蓝图。

二、生态文明是构建和谐社会的现实选择

（一）生态恶化对构建和谐社会的威胁

当前，我国经济正处于快速发展的轨道上，综合国力显著攀升，人民生活质量持续改善。然而，这一经济繁荣的背后，长期以来依赖于高资源消耗的增长模式，使得高能耗企业在工业体系中占据核心地位。这种发展模式导致了对资源需求的急剧上升，众多国民经济建设的关键环节面临供给不足的挑战，进而催生了对自然资源的过度开采与利用，加速了生态环境的退化进程。

随着生态环境承受的压力日益增大，一系列严峻的生态问题相继浮现，如能源资源短缺、土地荒漠化加剧、海洋生态系统遭受富营养化困扰、水土流失严重、臭氧层受损、全球气候变暖，以及生物多样性丧失等。这些问题

不仅破坏了自然界的平衡,也对人类的生存和发展构成了直接而紧迫的威胁,环境形势严峻,亟待采取有效措施加以应对。

(二)建设生态文明,构建和谐社会

构建社会主义和谐社会是一个多维度的目标体系,涵盖了民主法治、公平正义、诚信友爱、社会活力、安定有序以及人与自然和谐相处的全方位要求。其中,人与自然的和谐不仅是这一宏伟蓝图的重要组成部分,更是其稳固的基石,因为经济的繁荣与社会的进步,从根本上依赖于自然环境的健康与可持续。

生态文明建设与社会主义和谐社会的构建,两者紧密相连、相互促进,构成了一个理论与实践高度统一的有机体。生态文明之路的开辟,与当代社会的三大深刻转变紧密关联:从工业文明向生态文明的文明形态跃迁,从资源经济向知识经济的经济形态转型,以及从非可持续发展向可持续发展的社会发展路径变革。这些转变正是对马克思主义生态文明观的继承与创新,引领我们迈向更加绿色、低碳、循环的未来。

三、生态文明对人的发展起直接的促进作用

(一)生态文明为人类提供良好的社会生活环境

生态文明理念倡导实现人与自然和谐共生的可持续发展,引领我们构建一个崭新的生态型社会,致力于为人类谋求长远福祉。在生态文明的光辉指引下,人类社会必将迎来更加美好的生活环境。

1.生态文明创建和谐社会

中华文化深邃而广博,其中蕴含的"天人合一""与天地相似,故不违"等古老智慧,以及"主客合一""知周乎万物,而道济天下,故不过"等深刻思想,共同构成了生态文明发展的坚实哲学基石与丰富的思想源泉。这

些理念强调了人类与自然界的和谐共生,为生态文明的建设提供了深远的启示。

在当今社会,随着工业文明的迅猛发展,人类智慧的火花璀璨夺目,但同时也带来了不容忽视的负面影响。工业化的进程使部分人陷入了"单面人"的困境,人性在某种程度上被扭曲,环境遭受严重破坏,人与自然的和谐关系被打破,各种社会矛盾以错综复杂的形式涌现。

正是在这样的背景下,生态文明以和谐为核心价值导向,致力于重建人与人、人与自然、人与社会以及人自身的和谐关系。它强调在追求经济发展的同时,必须尊重自然规律,保护生态环境,促进人类社会的全面进步与人的全面发展。

2.生态文明促进社会人的身心健康和全面发展

在人的消费需求体系中,除了基本的物质满足与丰富的精神文化追求外,生态需求同样占据着不可或缺的地位。优美宜人的生态环境,不仅能够满足人们对于美好生活的向往与享受,更是促进个人身心健康与全面发展的关键因素。置身于这样的环境中,人们能够感受到身心的愉悦与放松,从而更加积极地投身于工作与生活,实现个人潜能的最大化释放。

(二)生态文明促进良好的社会消费方式的建立

在当今社会高速发展的浪潮中,我们身处一个物质诱惑无处不在的环境,这种环境下,如果消费的无度超越了地球生态系统的承载能力,其后果将是灾难性的。因此,对现有的消费模式进行深刻的反思与调整,已成为刻不容缓的任务。

传统消费观念,其核心在于最大限度地从自然界中攫取资源以满足人类无尽的欲望,这种观念正是引发众多生态问题的根源所在。为了扭转这一局面,我们必须积极构建生态消费观,它倡导的是一种全新的、与自然环境和谐共生的消费理念。生态消费观的核心原则包括:适度消费,即在满足基本生活需求的基础上,避免过度消费造成的资源浪费与环境污染;和谐共生,强调人类与自然界之间的相互依存与尊重,追求人与自然的和谐平衡;绿色消费,偏好选择环保、可循环的产品与服务,减少对环境的负面影响;以及以人的全面发展为终极目标，倡导在满足物质需求的同时，更加注重精神层面的富足与自我实现，实现个人与社会的可持续发展。通过践行这些原则，我们不仅能够缓解当前的环境压力，还能为后代留下一个更加健康、宜居的地球家园。

（三）生态文明包含着社会生产方式的改进

生产方式，作为历史唯物主义理论框架中的核心要素，深刻揭示了物质资料生产过程中生产力与生产关系之间的紧密关联与动态平衡。这一统一体不仅相互依存、相互作用，还共同驱动着生产活动的持续循环与演进，为构建人与自然和谐共生、经济与环境深度融合的"人—自然—社会"全面均衡发展的生态化生产模式奠定了坚实的理论基础与内在逻辑。

在生态文明的时代背景下，生产方式正经历着深刻的变革，旨在解决经济发展与自然生态系统承载能力之间的根本矛盾。这一过程摒弃了传统的高能耗、低效率、高污染、非循环的产业发展模式，转而追求一种以生态规律为引领，注重资源节约、环境友好、循环高效的生态化生产方式。这种新型生产方式强调在生产活动的全过程中融入生态保护的理念，通过技术创新、产业升级等手段，实现资源的高效利用与废弃物的最小化排放，促进经济系统的绿色转型与可持续发展。同时，它还注重构建生态产业链与循环经济体系，推动不同产业之间的协同共生与资源共享，形成更加稳定、和谐的生态系统与经济系统共生关系。

第二章 生态文明建设的科学技术发展

生态文明建设作为对工业文明深刻反思后的必然选择，旨在构建人与自然和谐共生的新型文明形态。在这一伟大进程中，科学技术的发展不仅是重要的支撑力量，更是推动生态文明建设不断向前的关键引擎。科学技术以其独特的创新性和变革性，为解决生态环境问题、促进资源高效利用、推动绿色低碳发展提供了强有力的手段。

第一节 科学技术的发展与人类文明的进步

在人类历史浩瀚无垠的长河中，科学技术如同一股不竭的源泉，持续不断地滋养并推动着人类文明的繁荣与进步。它不仅是人类智慧的结晶，更是文明发展的强大引擎，深刻地塑造了世界的每一个角落，影响了人类社会的每一个层面。

第二章 生态文明建设的科学技术发展

一、科学技术是文明进步的引擎

自远古时代起，人类便开始运用对自然规律的理解，通过创造各种工具来改善生产生活条件，这标志着科学技术萌芽的最初形态。在石器时代，人类通过打磨石头制作出各种工具，如石斧、石刀等，这些工具极大地提高了他们的狩猎和采集效率，改善了他们的生活条件。随着人类对自然界认识的逐渐深入，他们开始掌握更多的技能，如火的使用，这不仅改变了他们的饮食习惯，还为他们提供了温暖和防御野兽的手段。进入青铜时代，人类学会了冶炼金属，制作出更加坚固耐用的工具和武器，进一步提升了生产力。铁器时代的到来，使得大规模的农业生产和工程建设成为可能，社会分工进一步细化，出现了更多的行业和专业领域。

进入近代，科技的发展速度显著加快。蒸汽机的发明极大地推动了工业革命，使得生产过程机械化，生产力得到了空前的提升。电力的广泛应用则进一步推动了工业化进程，使得夜晚也能进行生产活动，生产活动可以连续长时间开展，极大地提高了生产效率。信息技术的出现更是彻底改变了人类的生活方式和工作模式，计算机和互联网的普及使得信息传递变得无比迅速和便捷，全球化的进程也因此大大加快，以数字化、智能化、绿色化等新技术革命为标志的新质生产力，促使生产力实现质的飞跃和经济模式形成新形态。这些重大科技发明不仅极大地提升了生产力水平，还使得文明形态发生了深刻的变化，从农业文明向工业文明，再到信息文明的转变，每一次变革都深刻地影响着人类社会的方方面面。

二、科技革命是文明转型的加速器与塑造者

（一）农业革命：文明的曙光初现

农业技术的发明与应用标志着人类历史长河中的一次深刻转折，它如同

一座桥梁，引领着人类从依赖自然恩赐、逐水草而居的采集狩猎时代，稳步跨越至能够主动改造自然、实现自给自足的定居农耕新时代。这一历史性的跨越，不仅深刻改变了人类与自然的关系，还激发了社会结构的根本性变革。

随着农业技术的不断精进，如灌溉系统的发明、农具的改良、作物倒茬轮作与选育优良品种的实践等，粮食产量实现了前所未有的飞跃。这些成就不仅极大地缓解了食物短缺的问题，为人口的持续增长提供了坚实的基础，还使得人们能够有更多的时间和精力去从事除农业以外的活动，从而促进了社会分工的日益细化。农民专注于田间的耕作，工匠、商人、学者等职业群体逐渐兴起，社会结构因此而变得更加复杂多元。

社会分工的细化又进一步推动了城市的兴起。为了更有效地进行商品交换、知识传播和行政管理，人们开始聚集在资源丰富、交通便利的地方，形成了初具规模的城市。城市不仅是人口和经济的中心，更是文化交流的熔炉，为文明的发展提供了广阔的舞台。

农业革命不仅仅是一场物质生产的革命，它更是一场深刻的文化和社会革命。随着生产力的提升和社会结构的变化，人类对于知识的渴求也日益增长，这直接催生了文字的产生。文字的出现，使得信息得以跨越时间和空间的限制，被记录和传承，为法律、宗教、艺术等文化元素的产生与发展提供了重要载体，也为后来更为复杂的文明形态奠定了基础。

（二）工业革命：机器轰鸣中的文明巨变

以蒸汽机与电力为核心的工业革命是人类文明史上最为璀璨夺目的科技篇章之一，其影响力之深远，超越了任何一次先前的技术革新。这场革命不仅是一次生产力的巨大飞跃，更是一场深刻的社会转型与文化重塑，它以前所未有的方式重塑了人类的生产方式、生活方式乃至思维方式。

蒸汽机的发明与广泛应用标志着机械化生产时代的到来。这一革命性的动力源彻底改变了手工业生产的局限，使得大规模、高效率的工厂化生产成为可能。蒸汽机驱动的纺织机、火车、轮船等，不仅极大地提高了生产速度和产品质量，还极大地扩展了市场的边界，促进了国际贸易的繁荣。随着生

第二章　生态文明建设的科学技术发展

产规模的扩大,工业化进程加速推进,城市化也随之兴起,大量人口涌入城市,城市成为经济、文化和政治的中心。电力的发现与利用,则是工业革命史上的又一里程碑。电力的广泛应用不仅为工业生产提供了更为强大、灵活的能源支持,还极大地促进了通信、交通、照明等领域的革命性发展。电灯、电话、电报、电影等新兴事物的出现,极大地丰富了人们的生活,拉近了人与人之间的距离,同时也为信息的快速传播提供了可能。

工业革命不仅在经济领域引发了翻天覆地的变化,还深刻地影响了社会结构和文化艺术的发展。随着生产力的提高,资本主义经济制度逐渐确立并发展壮大,社会阶层分化加剧,中产阶级逐渐崛起。这一变化不仅促进了社会流动和阶级结构的重组,还激发了人们对教育、文化、艺术等领域的热情与追求。教育体系不断完善,为更多人提供了接受教育和提升自我的机会;文学艺术则呈现出多元化、大众化的趋势,反映了时代的精神风貌和社会变迁。

工业革命时期,科技成为推动社会进步的主要力量。科学家们通过不懈的努力和探索,不断突破人类认知的边界,推动了物理学、化学、生物学等基础学科的发展。这些科技成果不仅为工业生产提供了强大的技术支持,还为人类社会的可持续发展奠定了坚实的基础。

(三)信息革命:数字世界中的文明新篇章

随着电子计算机技术的飞速发展及其与互联网的深度融合,人类社会以前所未有的速度跨入了信息时代的门槛。这一时代变革,如同潮水般席卷了全球每一个角落,深刻地重塑了人类社会的每一个角落,开启了人类文明发展的新纪元。

信息技术的迅猛发展如同一张无形却强大的网络,极大地缩短了信息传递的时间与空间距离。过去需要数月乃至数年才能传递的信息,如今只需瞬间即可跨越千山万水,实现即时共享。这不仅极大地提高了工作效率,还促进了全球经济的紧密连接,加速了全球化的进程。跨国企业、远程办公、在线交易等新兴业态蓬勃发展,全球经济一体化趋势愈发明显。

在信息时代,人们的工作方式、学习方式、生活方式、交流方式乃至娱乐方式都发生了翻天覆地的变化。电子计算机与互联网成为现代人不可或缺的工具，它们不仅简化了烦琐的工作流程，提高了生产效率，还为人们提供了丰富的学习资源和便捷的交流平台。在线教育、远程会议、社交媒体等新兴应用让知识的获取与传播更加高效、广泛，人与人之间的交流也变得更加便捷、深入。同时，网络游戏、在线影视等娱乐方式的兴起，极大地丰富了人们的精神文化生活，为现代人提供了更多的休闲娱乐选择。

信息革命还推动了知识经济的兴起与可持续发展理念的深入人心。在信息时代，知识成为最重要的生产要素和核心竞争力。企业越来越注重创新能力和知识产权的保护，通过不断研发新技术、新产品来保持竞争优势。同时，随着全球环境问题的日益严峻，可持续发展理念逐渐深入人心。信息技术在环境监测、资源管理、节能减排、绿色发展等领域的应用，为解决资源、环境等全球性问题提供了新的思路与手段。通过智能化、精准化的管理手段，人类可以更加高效地利用资源、减少浪费、保护环境，实现经济社会的可持续发展。

信息革命还促进了科技创新的加速发展。在信息时代，科技创新的速度和效率都得到了极大的提升。互联网、大数据、人工智能等新兴技术的不断涌现和融合应用，为科技创新提供了更加广阔的空间和更加丰富的可能性。这些新兴技术不仅推动了传统产业的转型升级和新兴产业的快速发展，还为人类探索未知领域、解决复杂问题提供了强大的技术支持。在信息技术的推动下，人类文明的未来发展充满了无限的可能性和希望。

三、科技发展与文明挑战的应对策略

随着科学技术的日新月异与飞速进步，人类社会在享受前所未有的便利与繁荣的同时，也悄然步入了一个充满复杂挑战与深刻反思的新时代。环境污染，这一长期累积的顽疾，如今已演变为全球性的危机，大气、水体、土壤、固体废弃物的污染问题日益严重，不仅威胁着自然生态的平衡，更直接影响人类自身的健康与生存质量。资源枯竭的警钟同样震耳欲聋，传统能源的过度开采与消耗，使得煤炭、石油、天然气等不可再生资源面临枯竭的风险，而水资源的短缺也在全球范围内广泛存在，成为制约可持续发展的重大瓶颈。

面对这一系列严峻挑战，科学技术作为推动社会进步的重要力量，其角色愈发关键。在环境保护领域，清洁能源技术的研发与应用成为破解能源危机与环境污染难题的关键所在。太阳能、风能、水能等可再生能源技术的不断创新与普及，不仅减少了对化石燃料的依赖，还显著降低了温室气体排放，为减缓全球变暖贡献了重要力量。同时，循环经济模式的推广，倡导资源的最大化利用与废弃物的最小化排放，通过设计闭环系统，实现了经济发展与环境保护的双赢。此外，生态修复技术的快速发展，为受损生态系统的恢复与重建提供了强有力的技术支持，有效促进了生物多样性的保护与恢复。然而，科技的双刃剑特性也要求我们在享受其带来的福祉时，必须保持清醒的头脑与高度的责任感。加强科技伦理建设成为确保科技健康发展、避免其负面影响的必由之路。这包括建立健全科技伦理规范体系，引导科研人员树立正确的价值观与道德观，确保科技研究与应用始终遵循人类福祉、尊重生命、保护环境的基本原则。同时，加强国际合作与交流，共同应对全球性挑战，也是科技伦理建设的重要内容。通过分享科技成果、交流治理经验、协同制定国际规则，可以更好地汇聚全球智慧与力量，共同守护好这个唯一的地球家园。

总之，面对环境污染、资源枯竭、生态失衡等全球性挑战，科学技术既是解决问题的关键手段，也是推动社会可持续发展的强大动力。我们应当在大力发展科技的同时，注重科技伦理建设，确保科技发展的成果能够真正惠及全人类，为构建一个更加绿色、健康、和谐的地球家园贡献智慧与力量。

四、科技创新引领文明未来

未来，科技创新将屹立潮头，持续作为引领人类文明迈向新高度的核心驱动力。在全球化与信息化的双重浪潮下，人工智能、生物技术、新材料科术等前沿领域的突破性进展，正以前所未有的速度重塑着世界的面貌，为人类社会开辟了前所未有的广阔天地。

人工智能作为当代科技的璀璨明珠，正逐步渗透到日常生活的每一个角落。从智能家居的便捷操作到智能制造的高效生产，从智能医疗的精准诊断到智慧城市的精细管理，人工智能以其强大的数据处理能力、自我学习机制与深度理解能力，不断刷新着人类生活的便捷度与效率边界。它不仅将极大提升人类社会的生产力水平，还将深刻影响人们的决策方式、社交模式乃至情感交流，促使我们进入一个更加智能化、个性化的时代。

生物技术则是另一项颠覆性力量，正悄然改变着生命的本质与未来的面貌。基因编辑、合成生物学、再生医学等领域的快速发展，为治疗遗传性疾病、延长人类寿命、优化农业生产等提供了前所未有的可能性。这些技术的广泛应用，不仅将极大提升人类健康水平，还将促进农业、医药等多个行业的转型升级，为人类社会的可持续发展奠定坚实基础。

新材料技术是支撑上述科技进步的关键基石。从高强度、轻量化的碳纤维材料到自修复、智能响应的智能材料，从生物可降解材料到清洁能源储存材料，新材料的研发与应用不断拓展着人类社会的物质边界，为科技进步与产业升级提供了源源不断的动力。为了充分把握这些新兴技术带来的历史机遇，需要采取一系列积极措施。

第一，加强科技创新投入，为科研工作者提供充足的资金与资源支持，鼓励他们勇于探索未知领域，攻克关键技术难题。

第二，注重科技人才的培养与引进，建立完善的教育培训体系与激励机制，培养一批具有国际视野与创新能力的高素质科技人才。

第三，推动产学研深度融合，促进科研成果向现实生产力的快速转化，为科技创新提供坚实的产业支撑与市场保障。

通过这些努力，必将为科技创新提供强有力的支撑与保障，推动人类文明在新时代的道路上不断前行，绽放出更加璀璨的光芒。

第二节 科学技术的发展对生态文明的影响

一、科学技术对生态文明的积极影响

（一）提升资源利用效率与节能减排

科学技术的飞速发展，如同一股不可阻挡的浪潮，深刻地重塑了我们对资源利用的认知与实践。在这一进程中，科学技术的进步扮演了至关重要的角色，它极大地提升了资源利用效率，使得每一份资源都能发挥出比以往更高的价值。

随着科技的进步，人类在生产活动中对资源的消耗模式发生了根本性转变。通过精密的工程设计、高效的制造工艺以及智能化的管理系统，成功地降低了单位产出的能耗和物耗。这意味着，在保持或提升生产量的同时，能够显著减少资源的浪费，实现更加经济、高效的生产。

新材料和新能源的研发与应用为资源利用开辟了新的路径。这些创新成果不仅具有更高的性能，更重要的是，它们往往更加环保、高效。例如，太阳能电池板、风力发电机等新能源设备的普及，使得人类能够利用取之不尽、用之不竭的自然能源，替代传统的化石燃料。这种转变不仅减少了温室气体的排放，缓解了全球气候变化的压力，还降低了对有限自然资源的依赖，为可持续发展奠定了坚实的基础。此外，工业生产过程中的节能技术和循环经济模式也发挥了重要作用。节能技术的应用，如余热回收、变频调速等，使得生产过程中的能源消耗得到了有效控制。而循环经济模式则强调资源的循环利用和废弃物的减量化、资源化。通过构建闭环的生产体系，我们能够将废弃物转化为资源再次投入生产过程中，从而实现了资源的最大化利用。这种模式不仅减轻了对自然资源的开采压力，还有助于减少环境污染，提升生态系统的稳定性。

（二）环境治理与生态修复

科学技术在环境治理和生态修复领域的贡献是不可估量的，它们如同强大的工具，为我们提供了前所未有的解决方案，以应对日益严峻的环境挑战。

在环境治理方面，先进的污染监测技术如同环境的"守护者"，能够实时、精确地捕捉环境质量的变化信息。这些技术包括高灵敏度的自动传感器、遥感监测、大数据分析等，它们能够覆盖广泛的地理区域，从大气、水体到土壤，全方位、多角度地监测污染物的种类、浓度及分布情况。这些数据的收集与分析，不仅为环境管理部门提供了科学决策的依据，也帮助公众更好地了解环境质量状况，增强了全社会对环境问题的认识和关注。

在生态修复领域，科学技术同样展现出其强大的修复能力。针对受损的生态系统，科学家们研发出了一系列生态修复技术，旨在恢复其原有的生态功能和生物多样性。例如，植被恢复技术通过选择适宜的物种进行种植，不仅能够有效控制水土流失，还能改善土壤质量，为其他生物提供栖息地。湿地保护技术通过恢复湿地的水文循环、构建生态浮岛等措施，提升湿地的净化能力，维护其生态平衡。这些技术的应用不仅使受损的生态系统得到了有效修复，还显著提升了区域的生态环境质量，为人类的生存和发展创造了更加宜居的环境。

科学技术在环境治理和生态修复方面的应用并不是孤立的，而是需要与其他领域的知识和技术相结合，形成综合性的解决方案。例如，在治理水体污染时，除了需要运用先进的监测技术外，还需要结合化学、生物学等多学科的知识，制订出科学合理的治理方案。同样，在生态修复过程中，也需要考虑到生态系统的复杂性和动态性，综合运用多种技术手段进行综合治理。

（三）促进可持续发展

科学技术的飞速发展，如同一股强大的推动力，深刻地影响着经济结构的演变与增长模式的革新，为实现全球经济的可持续发展奠定了坚实的基础。这一过程不仅仅是技术层面的革新，更是经济体系深层次变革的体现，引领着人类社会向更加绿色、高效、可持续的未来迈进。

在科技浪潮的引领下,高新技术产业如雨后春笋般涌现并茁壮成长。这些产业,依托前沿的科学技术成果,以创新驱动为核心,展现出了强大的生命力和发展潜力。它们不仅代表了技术进步的最新方向,更是经济转型升级的重要力量。随着高新技术产业的不断壮大,经济结构逐渐由依赖高能耗、高污染的传统产业向低能耗、低污染、高效益的新兴产业转变。这种转变,不仅仅是产业类别的更替,更是经济发展理念的深刻变革,强调了经济效益与环境保护的和谐统一。

这种经济结构的优化和增长方式的转变,带来了多重积极影响。首先,它显著提高了经济发展的质量和效益。新兴产业以其高附加值、高技术含量和强市场竞争力,为经济增长注入了新的活力。同时,这些产业在生产过程中更加注重资源的高效利用和环境的低污染排放,降低了生产成本,提高了经济效益。其次,这种转变有助于减少对自然环境的破坏和依赖。传统的高能耗、高污染产业往往以牺牲环境为代价换取经济增长,而新兴产业则更加注重与环境的和谐共生。它们通过采用先进的环保技术和绿色生产方式,降低了对自然资源的消耗和环境的污染,为生态环境保护作出了积极贡献。最后,高新技术产业的兴起和发展还促进了经济结构的多元化和协同化。这些产业不仅自身发展迅速,还带动了相关产业链的发展和完善,形成了更加多元化、协同化的产业生态体系。这种多元化的经济结构有助于增强经济的稳定性和抗风险能力,为经济的长期可持续发展提供了有力保障。

二、科学技术对生态文明的不利影响

(一)环境污染与生态破坏

虽然科学技术在环境治理方面展现出了非凡的能力与显著成效,为解决环境污染和生态退化问题提供了强有力的支持,但我们必须清醒地认识到,科学技术本身也潜藏着成为环境污染和生态破坏源头的风险。这一矛盾性体现在多个方面，值得我们深入探讨和关注。

第一，一些高新技术产品的生产和应用过程中，可能会伴随新的污染物或废弃物的产生。这些新型污染物可能具有与传统污染物不同的化学性质和生物毒性，对环境和生态系统造成新的、未知的压力。例如，电子产品的制造过程中可能使用有害化学物质，而废弃电子产品（即电子垃圾）的处理不当则可能释放重金属和其他有毒物质，对土壤、水源和大气造成污染。此外，新能源技术如太阳能电池板的生产也可能涉及高能耗和高污染环节，若不能有效控制这些环节，将削弱其环保效益。

第二，过度依赖科技可能导致人类对自然环境的过度开发和利用。在追求经济效益和科技发展的同时，我们可能会忽视自然界的承受能力和生态平衡的重要性。例如，大规模的矿产资源开采、森林砍伐和淡水资源的过度利用等行为，都可能破坏生态系统的稳定性和生物多样性。当科技成为我们无限制开发自然资源的工具时，其潜在的负面影响便不容忽视。

因此，在利用科学技术进行环境治理和生态修复的同时，必须保持谨慎和审慎的态度，需要不断研究和创新更加环保、高效的生产技术和产品，减少或消除新技术带来的环境污染风险。同时，还需要加强环境监管和法规建设，确保高新技术产品的生产和应用过程符合环保标准，防止新的污染物和废弃物的产生。

此外，还需要树立可持续发展的理念，平衡经济发展与环境保护的关系。在追求科技进步和经济增长的同时，必须尊重自然规律，保护生态环境，实现经济发展与环境保护的良性循环。只有这样，才能确保科学技术的发展真正造福于人类和地球家园。

（二）技术伦理与风险

随着科学技术的日新月异，人类社会正以前所未有的速度迈向新的科技纪元。这一进程中，新技术、新产品的不断涌现，极大地丰富了我们的生活，推动了社会的进步。然而，与之相伴的是一系列复杂而深刻的伦理与道德争议，这些争议不仅触及了人类价值观的底线，也对社会结构、人际关系乃至人类未来产生了深远的影响。以基因编辑技术为例，这一革命性的科技突破为人类治疗遗传性疾病、改善农作物品质等方面带来了无限可能。然而，其潜在的滥用风险同样令人担忧。一旦基因编辑技术被不当使用，比如未经充分研究和伦理审查就进行人体试验，就可能引发基因污染，破坏自然生态的平衡与稳定。更为严重的是，基因编辑技术的滥用还可能引发生物安全问题，导致新型病原体的产生和传播，对人类健康构成巨大威胁。因此，必须在推动基因编辑技术发展的同时，加强伦理监管和风险评估，确保其在合法、合规、安全的框架内运行。同样，人工智能的快速发展也带来了诸多伦理与道德挑战。作为新一轮科技革命的核心驱动力，人工智能正以前所未有的速度和规模渗透到社会经济的各个领域。它的广泛应用不仅提高了生产效率、优化了资源配置，还极大地丰富了人们的生活方式。然而，人工智能的快速发展也带来了就业结构的变化和社会阶层的分化等问题。一方面，自动化和智能化技术的普及可能导致大量传统岗位的消失，使得一部分劳动者面临失业的风险；另一方面，随着人工智能技术的不断成熟和应用，掌握相关技能的人才将逐渐成为社会的稀缺资源，进而加剧社会阶层的不平等。为了应对这些问题，需要在推动人工智能发展的同时，加强政策引导和社会支持，促进就业结构的转型升级和人力资源的合理配置，确保科技进步惠及全体人民。

第三节 建设生态文明的科学技术发展道路

21世纪，随着全球经济的快速发展和人口的不断增长，环境问题日益严峻，生态危机已成为制约人类社会可持续发展的重大挑战。面对这一现实，建设生态文明已成为全球共识，而科学技术作为推动社会进步的重要力量，其发展方向和路径对于实现生态文明目标具有至关重要的作用。

一、生态文明建设的科技需求

生态文明建设作为当代社会发展的重要理念之一，其深远意义在于寻求经济发展与环境保护之间的和谐共生。它不仅仅是一个环境保护的议题，更是关乎人类长远福祉与可持续发展的战略选择。在这一进程中，我们被赋予了前所未有的使命——在推动经济持续增长的同时，必须以前所未有的力度关注环境保护和生态平衡，确保自然资源的可持续利用与生态系统的健康稳定。为实现这一宏伟目标，科学技术的力量显得尤为重要且不可或缺。科学技术作为现代社会发展的强大引擎，其创新与应用为生态文明建设提供了坚实的支撑和广阔的空间。

（一）高效、清洁、低碳的能源技术是生态文明建设的关键所在

面对全球能源危机和气候变化的严峻挑战，必须加快能源技术的革新步伐，减少对化石燃料的依赖，降低二氧化碳等温室气体的排放。这包括大力发展太阳能、风能、水能等可再生能源技术，提高能源转换效率和储存能力；同时，积极探索核聚变、氢能等前沿能源技术，为未来的能源体系提供多元化、清洁化的解决方案。通过这些努力，不仅可以减轻对环境的压力，还能促进能源结构的优化和经济的转型升级。

（二）先进的污染治理和生态修复技术是生态文明建设的重要保障

环境污染和生态破坏是当前面临的紧迫问题之一。为了有效应对这些问题，需要研发出更加高效、精准的污染治理技术，如大气污染治理中的超低排放技术、水污染治理中的深度处理技术等；同时，加强生态修复技术的研究与应用，如湿地恢复、土壤改良、植被重建等，以恢复受损生态系统的结构和功能。这些技术的应用将有助于改善环境质量，保护生物多样性，维护

第二章　生态文明建设的科学技术发展

生态平衡。

（三）资源循环利用技术的研发也是生态文明建设的重要组成部分

资源是有限的，而人类的需求却是无限的。为了实现资源的可持续利用，我们必须加强资源循环利用技术的研究与开发，主要包括废弃物资源化利用技术、废旧产品再制造技术、资源高效开采与加工技术等。通过这些技术的应用，可以将废弃物转化为资源，提高资源利用效率，减少资源浪费和环境污染。这不仅有助于缓解资源短缺问题，还能推动循环经济的发展模式。

二、科技创新与生态文明建设的融合

（一）绿色科技创新体系

在当今全球环境挑战日益严峻的背景下，构建以绿色发展为导向的科技创新体系，不仅是应对环境危机的迫切需求，更是推动经济社会可持续发展的必由之路。这一体系的核心在于将生态文明建设的宏伟目标深度融入科技创新的全过程，确保科技创新活动在促进经济增长的同时，也能够有效保护生态环境，实现人与自然和谐共生的美好愿景。

1.绿色科技研发投入的强化与多元化

加强绿色科技研发投入是构建绿色科技创新体系的首要任务，要求政府、企业和社会各界共同努力，形成多元化、持续性的研发投入机制。政府应发挥引导作用，通过设立专项基金、提供税收优惠、加大财政补贴等方式，鼓励和支持绿色科技项目的研发。同时，企业应成为绿色科技研发投入的主体，将绿色科技视为提升企业核心竞争力和实现可持续发展的关键要素。此外，还应积极吸引社会资本参与绿色科技研发，形成政府引导、企业主导、社会参与的多元化投入格局。

2.绿色科技评估与激励机制的完善

建立科学、公正、透明的绿色科技评估与激励机制是确保绿色科技创新活动高效有序进行的重要保障。这包括制定绿色科技评价标准和方法，对绿色科技项目进行全面的评估与考核，确保项目在技术创新、环境保护和经济效益等方面均达到预定目标。同时，建立绿色科技奖励制度，对在绿色科技创新中做出突出贡献的单位和个人给予表彰和奖励，激发全社会的创新热情和活力。此外，还应完善科技成果转化机制，推动绿色科技成果从实验室走向市场，实现其经济、社会和环境的效益的最优、最大化。

3.绿色科技成果的转化与应用推广

推动绿色科技成果的转化与应用是构建绿色科技创新体系的最终目的。这要求加强科技成果与市场需求之间的对接，促进科技成果的商业化、产业化和规模化应用。一方面，应建立科技成果转化的服务平台和中介机构，为科技成果的转化提供信息咨询、技术评估、融资支持等全方位服务；另一方面，应加强与产业界的合作与交流，推动科技成果与产业需求的深度融合，促进绿色产业的快速发展。同时，还应加强绿色科技成果的宣传与推广，提高公众对绿色科技的认识和接受度，形成全社会共同关注和支持绿色科技创新的良好氛围。

（二）产学研用协同创新

在推动绿色科技创新与发展的过程中，加强企业、高校与科研机构之间的紧密合作与交流，构建产学研用协同创新的良好机制是至关重要的一环。这种合作模式的建立，不仅能够促进知识、技术和资源的有效整合与优化配置，还能够加速绿色科技成果的转化与应用，为生态文明建设提供强有力的科技支撑。

1.构建多元主体协同创新的网络

企业、高校与科研机构在绿色科技创新中各自扮演着不同的角色，拥有各自独特的优势。企业贴近市场需求，能够敏锐地捕捉到绿色科技的应用前景；高校拥有丰富的人才资源和深厚的理论基础，为绿色科技的创新提供源源不断的智力支持；科研机构专注于前沿技术的探索与研究，为绿色科技的突破提供关键性的技术支撑。因此，构建产学研用协同创新的网络，需要充分发挥各主体的优势，形成优势互补、互利共赢的合作格局。

2.推动联合攻关，突破关键技术瓶颈

绿色科技的创新与发展往往面临着复杂的技术难题和不确定性风险。通过联合攻关的方式，企业、高校与科研机构可以共同组成研发团队，针对绿色科技领域的关键技术瓶颈进行集中攻关。这种合作方式不仅能够汇聚各方智慧和力量，提高研发效率和质量，还能够降低研发成本和风险，加速绿色科技成果的产出和转化。

3.共建研发平台，促进资源共享与协同创新

共建研发平台是产学研用协同创新机制的重要组成部分。通过共建实验室、研发中心等研发平台，企业、高校与科研机构可以共享研发设备、数据资源和人才团队等宝贵资源，为绿色科技的创新与发展提供强有力的支撑。同时，这些平台还可以作为各方沟通交流的桥梁和纽带，促进信息共享、思想碰撞和合作创新，为绿色科技领域的突破性进展奠定坚实基础。

4.加强人才培养与交流，打造绿色科技人才高地

人才是绿色科技创新与发展的核心要素。通过加强人才培养与交流合作，企业、高校与科研机构可以共同打造一支高素质、专业化的绿色科技人才队伍。这包括通过联合培养、实习实训等方式，为企业和科研机构输送具备创新精神和实践能力的绿色科技人才；同时，通过组织学术交流、技术研讨等活动，促进各方在绿色科技领域的思想碰撞和知识共享，为绿色科技的持续创新提供源源不断的智力支持。

（三）国际合作与交流

生态文明建设，作为应对全球环境危机、促进可持续发展的重要路径，其重要性和紧迫性已日益凸显为全球共识。这一宏大命题超越了国界与地域的限制，是各国共同面临的全球性任务。为了有效应对气候变化、生物多样性丧失、资源枯竭等全球性生态环境挑战，各国必须携手并进，加强国际合作与交流，共同推动全球生态文明建设的进程。

1.凝聚全球共识，共担生态文明建设责任

生态文明建设不仅是某一国家或地区的责任，而是全人类共同的事业。各国应深刻认识到环境问题的全球性和相互关联性，摒弃狭隘的国家利益观，树立人类命运共同体的理念。通过国际会议、高峰论坛等平台，加强对话与沟通，凝聚全球共识，明确各国在生态文明建设中的责任与义务，形成共同应对生态环境挑战的强大合力。

2.深化国际合作，拓展环保合作领域与方式

加强国际合作是推动全球生态文明建设的关键。各国应在平等、互利、共赢的基础上，深化在环保领域的合作与交流。这包括积极参与国际环保组织，如联合国环境规划署、绿色气候基金等，共同制定和实施国际环保公约、标准和政策；开展跨国环保项目合作，如跨国界自然保护区建设、国际河流污染治理等，实现环保资源和技术的共享与优化配置；同时，还应探索建立绿色经济合作机制，推动绿色产业的国际化发展和贸易的绿色化转型。

3.分享绿色科技成果，促进全球生态文明建设

绿色科技成果是生态文明建设的重要支撑。各国应秉持开放包容的心态，积极分享在绿色科技领域的最新成果和技术经验。通过举办国际绿色科技博览会、研讨会等活动，展示和推广各国在清洁能源、节能减排、生态修复等领域的先进技术和产品；加强绿色科技人才的国际交流与合作，培养具有国际视野和创新能力的绿色科技人才团队；同时，还应推动绿色科技成果的商业化、产业化和国际化应用，为全球生态文明建设注入强大动力。

4.倡导绿色生活方式，营造全球生态文明氛围

生态文明建设不仅需要政府的引导和企业的参与，更需要全社会的共同努力。各国应倡导绿色生活方式，鼓励公众减少能源消耗、降低碳排放、保护生态环境。通过媒体宣传、教育引导等方式，提高公众对生态文明建设的认识和参与度；同时，还应加强国际合作与交流，共同推动全球生态文明意识的提升和绿色生活方式的普及。

三、科技伦理与责任在生态文明建设中的作用

（一）科技伦理教育：深化内涵，强化科技工作者的道德基石

在科技日新月异的今天，加强科技伦理教育显得尤为迫切。这不仅是对科技工作者个人道德素质的提升要求，更是对科技健康、可持续发展负责的重要体现。为此，我们需要构建全面、系统的科技伦理教育体系，通过多样化的教育形式，如定期举办科技伦理培训班、开设科技伦理课程、邀请专家学者进行专题讲座等，使科技工作者深刻理解科技活动的伦理边界和社会责任。这些培训应涵盖科研诚信、数据安全、隐私保护、生物伦理等多个维度，引导科技工作者在追求科技创新的同时，坚守道德底线，树立正确的科技观和价值观，确保科技成果的应用符合人类社会的长远利益。

（二）科技风险评估与预警：构建全方位、动态化的管理机制

科技的快速发展往往伴随着未知的风险与挑战。为了有效应对这些潜在威胁，建立健全科技风险评估和预警机制势在必行。这一机制应当具备前瞻性和敏锐性，能够对新技术的安全性、环境友好性、社会影响等方面进行全面、深入的评估。评估过程中，应充分吸纳多学科、多领域的专家意见，确保评估结果的客观性和科学性。同时，建立快速响应机制，一旦发现潜在风险，立即启动预警程序，并制定相应的应对措施，以最小化风险对人类社会和自然环境造成的负面影响。此外，还应加强对科技风险的长期跟踪与监测，不断完善风险评估模型和方法，提高预警的准确性和有效性。

（三）公众参与与监督：拓宽渠道，增强生态文明建设的社会合力

生态文明建设是一项需要全社会共同参与的事业。加大公众参与和监督力度是推动生态文明建设社会共治的重要途径。为此，需要采取多种措施，

如定期举办环保公益活动、开展环保宣传教育进社区、进学校等活动，提高公众的环保意识和参与度。同时，利用互联网、社交媒体等新媒体平台，拓宽公众参与和监督的渠道，让公众能够更方便地了解环保信息、表达意见和诉求。此外，建立健全环保信息公开制度，确保政府、企业和其他组织在环保方面的信息透明化，保障公众的知情权和监督权。通过这些措施的实施，可以形成政府主导、企业主体、公众参与、社会监督的生态文明建设格局，共同推动生态环境的持续改善。

第四节　绿色技术推动生态文明建设

　　1988年，邓小平在会见捷克斯洛伐克总统胡萨克时指出："马克思说过，科学技术是生产力，事实证明这话讲得很对。依我看，科学技术是第一生产力。"[1]科学技术作为人类认识和改造世界的重要实践成果，对经济社会发展产生了深远的积极影响，这一点已得到广泛认同。然而，科学技术的不当应用亦成为加速破坏自然生态平衡的潜在威胁。在生态文明建设的新时代背景下，绿色技术的开发与应用显得尤为迫切。近年来，在党中央和各级政府的高度重视下，我国绿色科技事业取得了显著进步。尽管如此，传统观念的束缚、科技创新能力的不足、技术开发应用的成本压力以及标准认证体系的缺失等问题，仍然制约着绿色科技的进一步发展。为此，必须进一步加强科研工作者的科技伦理道德建设，提升其社会责任感和使命感。同时，应着力构建和完善绿色科技的基础研究体系、应用研究体系以及政策服务体系，确保绿色科技发展与生态文明建设同步推进，为实现人与自然和谐共生的目标提供坚实的技术支撑和保障。

---

[1] 邓小平文选（第3卷）[C].北京：人民出版社，1993：274.

第二章 生态文明建设的科学技术发展

一、绿色科技的起源及科学内涵

文明作为人类历史长河中的璀璨瑰宝，其演进与人类社会进步的步伐紧密相连，互为依存。迄今为止，人类社会已跨越原始文明、农业文明、工业文明三大文明纪元，每一阶段的跃升，既源于人类实践经验的深厚积淀，更离不开科学技术这一强大引擎的推动。然而令人遗憾的是，科学技术这把双刃剑，在为人类创造福祉的同时，也偏离了其应有的发展轨道，出现了"异变"现象，其带来的负面影响对自然生态环境构成了严峻挑战。因此，人类社会的可持续发展之路迫切呼唤绿色科技的兴起与壮大，以根除科技异化之弊，守护我们共同的家园。

（一）绿色科技的起源

1.人类科技的发展过程
（1）科学技术在原始文明时代的萌芽
在人类社会的早期发展阶段，即原始社会的早中期，文明尚处于未开化的蒙昧状态。在这一时期，人类对自然界的开发利用受到极大的限制，尚未具备充分的空间和能力，因此不得不顺应自然界的发展。起初，原始人类仅能利用自然界赋予的石料和木棍作为获取食物的原始工具。在这一本能驱使下寻求生活资料的过程中，人类逐步掌握了石器的制作技术，特别是火的使用，这标志着人类首次对自然界的积极利用与改造，成为文明进步的关键一步。尽管早期人类从事的生产活动还相当原始，但这些活动已显露出人类文明的曙光，闪耀着人类早期科学技术的萌芽。
（2）科学技术在农业文明时代的奠基
农业文明标志着人类对自然界的深入探索与积极改造，构建了一个基于主动劳动与智慧索取的经济社会体系。这一阶段的文明相较于原始时代，展现出了鲜明的进步特征，其核心在于人类对自然资源的创造性利用与知识体系的显著拓展。在这一时期，世界各地涌现出众多璀璨夺目的科技成果，它们不仅是人类智慧的结晶，也是农业文明高度发达的明证。

古埃及，以其精湛的几何学、医学成就与建筑技术闻名于世，这些成就不仅服务于当时的农业生产与日常生活，更为后世留下了宝贵的文化遗产。古巴比伦在天文科学与数学领域取得了卓越贡献，其天文观测与数学计算体系为后来的科学发展奠定了坚实基础。古代印度，在数字与计数系统上独树一帜，其数码知识（如阿拉伯数字的前身）的发明与传播，极大地促进了全球范围内的数学与商业交流。

尤为值得一提的是，中国在这一时期贡献了指南针、造纸术、印刷术、火药这四大发明，它们不仅是中国古代科技水平的巅峰之作，更是全球科技史上的里程碑。这些发明不仅深刻改变了人类的生产方式、生活方式乃至思维方式，还极大地推动了农业文明时期生产力的飞跃发展，为后来的工业革命乃至现代社会的形成奠定了技术基础。

（3）科学技术在工业文明时代的腾飞

随着工业文明时代的开启，人的力量与智慧跃升为主导地位，科技革命如同一股不可阻挡的浪潮，极大地推动了生产工具的革新与生产方式的深刻变革。蒸汽机的横空出世，标志着人类正式步入蒸汽时代，其广泛应用极大地提升了生产效率，开启了机械化生产的序幕。随后，电力的广泛应用，更是将人类带入了一个光明与动力并存的新纪元，电气化不仅深刻改变了人们的日常生活，也为工业生产的飞跃提供了强大动力。

与此同时，人类对宇宙空间的探索活动不断深入，从最初的望远镜观测到后来的载人航天、登陆月球、火星探测，每一次突破都极大地拓展了人类的视野，让我们对宇宙的认知迈上了新的台阶。核技术、信息技术、生物技术、新材料技术、现代航天技术等前沿领域的创建与发展，更是如同星辰般璀璨夺目，它们不仅推动了科技的飞速进步，也深刻影响了社会结构、经济模式乃至人类的生活方式。

这些科技成就使得人类利用科学技术来控制、改造乃至在一定程度上"征服"自然界的能力达到了前所未有的高度。我们不仅能够更加高效地利用自然资源，还能通过科技手段解决许多曾经困扰人类的难题，如疾病防治、环境保护、灾害预警等。这一系列壮举充分彰显了人类作为这个星球上智慧生命的卓越能力与主人地位，同时也提醒我们要以更加负责任的态度去保护我们的地球家园，实现可持续发展。

第二章 生态文明建设的科学技术发展

2.科技异化的结果

（1）科学异化的过程

"异化"这一概念，最早源自马克思关于劳动异化的理论，其深刻揭示了在特定社会条件下，人的劳动及其成果转而对人自身产生支配和统治的异化现象。在工业文明的进程中，科学技术作为第一生产力，其作用日益凸显，不仅在推动社会进步、改善人民生活方面展现出巨大创造力，同时也暴露出不容忽视的破坏性影响。原本作为人类智慧结晶、服务于人类社会发展的科学技术，在人类改造客观世界、满足发展需求的实践中，出现了与科学技术发展初衷和目标相悖的负面效应，导致科学技术在一定程度上对人类产生了反向统治、压抑乃至控制，严重时甚至威胁到人类的生存与发展。这种现象，我们称之为科技异化，它违背了科学技术"为我所用"的初衷，反而呈现出了"反我"的特性。

（2）科技异化对自然环境的影响

科技的迅猛发展，虽然极大地推动了社会进步和经济发展，但其对自然生态环境产生的负面影响不容忽视。我们必须正视先进采掘工具的发明和使用，导致了过度开采矿产资源、砍伐森林资源，进而引发水土流失、森林面积急剧减少，沙尘暴等自然灾害频发的严峻现实。同时，先进的交通工具和捕杀工具的普及，使得人类能够深入野生动物栖息地、深海和极地，严重威胁生物多样性，破坏了生态平衡。工业生产、空调、汽车尾气排放以及日常生活中的有害气体排放，如二氧化硫、二氧化碳、氮氧化物、碳氢化合物、氯氟烃等，对大气造成了严重污染，导致大气温室效应、臭氧层空洞、地球屏蔽功能减弱，瘟疫频发，全球气候变暖，以及毒雾、酸雨、旱涝灾害、风暴海啸等极端气候事件的频繁发生。此外，工业和生活污水的不合理排放，导致水资源严重污染，大量水生动植物物种灭绝或发生突变。不合理的耕作制度、乱砍滥伐，以及大量使用化肥、农药、除草剂等，不仅消灭了害虫，也对有益昆虫造成了伤害，导致"寂静的春天"成为常态。局部或全球性战争中生化武器的使用和狂轰滥炸，造成了大气和水土的严重污染，使得大片地域不再适宜人类居住，基因突变案例屡见不鲜。此外，大坝、水库等不当的人工工程，对周边自然生态和地质环境构成了潜在的严重威胁。

面对这些挑战，必须坚持科学发展观，倡导绿色发展理念，遵从"绿水青山就是金山银山"生态思想，加强生态文明建设，推动形成人与自然和谐共生的现代化建设新格局。同时，要加大科技创新力度，发展绿色低碳技术，严格环保法规，强化环境监管，确保经济社会发展与生态环境保护相协调，共同守护我们赖以生存的地球家园。

（二）绿色科技的科学内涵

绿色科技作为根植于可持续发展需求并与生态文明紧密结合的科技形态，展现出以下三大显著特征：

1.实际应用的高效性

科技唯有融入实际产业之中，方能转化为推动社会进步的第一生产力。鉴于当前人口膨胀、资源匮乏、环境恶化问题日益严峻，以及节能减排的紧迫任务，绿色科技的研发不应仅仅停留于口号宣传、文件记载、理论探讨或实验室研究层面。我们必须加快绿色科技的产业化、市场化步伐，让其在国民经济的各个领域和人民生活的各个方面发挥重要作用。因此，绿色科技作为一种极具应用潜力的科学技术，必须经受市场的严格考验。否则，那些因技术复杂、成本高昂等原因难以应用于实际生产生活的科技，我们难以判断其是否真正有助于污染防治、生态修复和资源高效利用，自然也无法将其视为绿色科技的典范。总之，绿色科技的发展应当追求生态效益、经济效益和社会效益的协同并进，以实现社会、经济与环境的全面可持续发展。

2.保护环境的生态性

相较于传统科技，其往往仅从人类单一视角出发，将自然环境视为无尽的资源"仓库"与废弃物的"归宿"，绿色科技则秉持着人与自然和谐共生的核心理念进行创新与发展。其根本宗旨在于推动社会经济的持续繁荣，同时坚决避免对生态平衡的破坏与资源的无度开采。绿色科技深刻考量自然界的承载能力，致力于实现资源的高效利用、废弃物的最小化排放、系统的自我循环以及环境的零（或低）污染，从而构建一种"环境友好型"或"低环境负荷型"的技术体系。该技术体系不仅强调对废弃物的资源化转化与再利用，力求在资源循环利用中减少浪费，还聚焦于污染的源头治理与生态系统的恢复重建，确保生态环境的健康与稳定。绿色科技更着眼于预防原则，通过优化设计生产工艺流程、革新制造技术、筛选环保材料等手段，从产品生命周期的起始阶段就严格控制污染物的产生与能耗水平，确保最终产品不仅无毒无害，还易于回收再利用，从而在生产、流通至消费的每一个环节都融入生态化思维，实现经济、社会与环境的全面协调可持续发展。

3.预期影响的全面性

在科技迅猛发展的当下，新科技的诞生往往伴随着一系列效应的产生，包括环境、经济、社会等多方面效应。这些效应所引发的综合影响是复杂、滞后且隐性的。因此，对于某项科技的评价，我们不能仅局限于其表面的、短期的经济效应，而应有全面、联系、长远的战略眼光，充分考虑到其对人类社会和生态环境可能产生的深远影响。以农药为例，某些农药在治病杀虫方面表现出色，经济产出效益显著。然而，如果这类农药具有高毒性、可能导致基因突变或物种灭绝的风险，那么它们显然不符合绿色技术与产品的标准，我们必须积极探索并推广替代技术与产品。回顾历史，DDT的发明和使用是一个典型的案例。DDT作为一种广谱杀虫剂，药效显著，曾因有效控制害虫而大幅提高农业产量，其发明者米勒因此荣获1948年诺贝尔奖。然而，DDT的高度稳定性导致其难以降解，并在生物体内积累，对生态系统和人类健康造成了严重影响。尽管DDT如今已被禁用，但人类对其认识的深化却经历了漫长而艰难的过程。这一历史教训为我们今天如何发展科学技术以及如何界定绿色科技提供了深刻的启示。

二、我国绿色科技发展的不足

（一）标准认证体系不完善

绿色技术作为生态文明建设中的前沿技术，其评价标准不能简单沿用传统模式。近年来，我国陆续颁布了多项新能源汽车、绿色建筑等领域的标准和法规，例如，《燃料电池电动汽车术语》《燃料电池电动汽车安全要求》《电动车辆的电磁场辐射强度限值和测量方法》等国家级和行业级标准，这些标准主要针对新能源汽车等绿色技术的测试、性能和安全方面作出了基础性规定。然而，关于电池尺寸、电池更换、充电桩、车载充电机等具体标准尚未出台。

目前，绿色技术的资源评价、技术标准、产品检测和认证体系尚不完善，尚未形成全面的技术服务体系。强制性检测和认证制度尚未建立，企业缺乏技术准入门槛，这会导致绿色技术投资的盲目性、短期性和分散性，进而影响到产业化的规模效应。因此，必须加快完善相关标准体系，建立健全技术服务体系和强制性检测认证制度，引导绿色技术投资向规范化、长期化和集约化发展，为推动我国生态文明建设贡献力量。

（二）技术工艺落后，缺少自主研发的能力

日本、德国等发达国家，历经数十载深耕绿色技术领域，积累了丰富的经验，从而在这些领域构建了显著的优势地位，并进一步利用这些技术优势构建绿色贸易壁垒。相比之下，我国在绿色科技研发方面尚处于起步阶段，绿色理念尚未全面融入科研与开发过程之中。在核心技术领域，我国面临竞争力不足的挑战，关键技术瓶颈问题尤为突出。特别是在系统集成、大规模生产工艺设计、生产过程质量控制及成本效益管理等方面，我国与国际先进水平间存在较大差距。

具体到新能源汽车等关键领域，如电池、电机、电控等核心技术的缺失，直接导致了国产关键零部件在性能上与进口产品存在显著差距，国内市场对高效节能的成套环保设备及核心部件的需求高度依赖进口。同时，我国在引进高端技术装备时，往往未能有效激发技术外溢效应，缺乏足够的消化吸收和再创新能力，使得技术引进的效益未能最大化。

此外，我国绿色技术的科研力量尚显薄弱，研发活动多集中于试验性和改进型领域，缺乏引领性的创新平台来推动共性技术的研发。市场上，能够拥有自主知识产权、核心竞争力，并在系统集成和绿色技术研发方面表现出色的企业屈指可数。多数环保技术研发与推广应用企业面临着规模小、集约化程度低、技术工艺滞后等问题，其产品技术含量低、质量波动大，主要满足中低端市场需求，难以满足日益增长的高质量发展需求。

（三）技术落后，环境应急监测不足

我国绿色科技发展的整体水平尚显不足，主要聚焦于末端治理领域，即侧重于污染产生后的处理与净化。而在更为关键的源头控制技术、终端产品回收技术以及环境应急监测技术等领域，我国仍处于初步探索阶段，发展相对滞后。特别是在资源节约技术方面，我国与世界顶尖水平之间存在着显著的差距，这一差距近年来甚至还有进一步扩大的趋势。这表明，在推动绿色科技全面发展、构建资源节约型和环境友好型社会的过程中，我国仍面临诸多挑战，需要加快技术创新步伐，优化资源配置，以实现绿色技术的跨越式发展。

三、绿色科技创新引领和支撑生态文明建设

绿色科技创新的崛起，远非简单的技术迭代与升级，它深刻地触及了人类的发展理念、社会技术支撑体系的重构以及市场需求的根本性转变。这一进程不仅代表着科技前沿的探索与突破，更是对人类与自然和谐共生理念的实践深化。绿色科技创新，作为一股强大的驱动力，正引领并支撑着全球范围内的生态文明建设，推动社会向更加绿色、可持续的未来迈进。

（一）培养绿色科技意识

意识是行动的灯塔，引领着前行的方向。因此，要推动生态文明科技事业的蓬勃发展，首要任务是培育深厚的生态科技意识。这种意识，作为生态意识的核心组成部分，强调的是科技工作者在科研创新活动中自觉融入生态保护的理念，将科技的力量导向与自然和谐共生的目标。

传统上，科技被视为征服与改造自然的工具，但这种单向度的利用往往导致生态失衡与环境污染的加剧。面对这一严峻挑战，我们必须转变固有的科学观念，催生以保护生态环境为导向的生态科技。这要求每一位科技工作

者在科研实践中勇于担当，将生态责任内化于心、外化于行，确保科技发展的每一步都兼顾经济效益与生态效益。

政府在此过程中应发挥积极的引导与监督作用，通过调整科研经费的分配结构，加大对生态科技项目的支持力度，并对在生态保护领域取得显著成就的科技成果给予重奖，以此激励科技工作者投身于生态科技的研发之中。此外，政府还应通过政策引导和市场机制，促进绿色消费观念的普及，鼓励民众优先选择生态友好型产品，拒绝高污染、高能耗的商品，从而为低碳产业的兴起奠定坚实的市场基础，进而形成推动科技工作者树立生态科技意识的强大经济动力。

（二）选择合适的自主创新技术路线

面对建设生态文明的技术需求，中国面临两大路径选择：一是依赖从发达国家大量引进技术；二是致力于提升自身技术创新能力。然而，鉴于发达国家已将生态文明技术视为国家核心竞争力的关键要素，大规模引进尤其是关键技术极为困难，且成本高昂。因此，中国必须坚定地走以自主创新和应用性创新为主导的发展道路，在国际科技竞争中占据主动。

具体而言，中国应紧密结合自身能源结构特点，聚焦于煤炭、石油等传统能源的清洁化、高效化利用，力求在这些领域实现应用技术的重大突破，从而在保持能源供应稳定的同时，显著提升能效并减少排放。这不仅是对现有能源体系的优化升级，也是向绿色低碳转型的重要过渡。同时，中国还应积极把握清洁能源技术的发展机遇，特别是在核电、风能、生物质能等前沿领域，发挥自身科研优势和市场潜力，加速技术创新步伐，力求在全球清洁能源技术竞争中占据领先地位。这不仅有助于推动中国能源结构的根本性变革，也为实现经济社会的可持续发展提供强有力的支撑。

（三）绿色科技创新引导市场需求

解决生态危机，不仅呼唤生产模式的根本转型，更迫切需要消费模式实现革命性变革。这要求广大消费者树立起绿色消费观念，构建一种既环境友好又可持续的新型消费模式,即生态文明视野下的绿色消费理念与实践。绿色消费观本质上是一种倡导与自然和谐共生的生活方式,它鼓励消费者采取科学、合理、健康、适度的消费态度,倡导高尚的消费伦理与行为规范。通过这一观念的普及,旨在引导消费行为的转变,进而触发生产模式的深刻变革,优化产业经济结构,推动生态友好型产业的蓬勃发展。

绿色消费观与绿色消费模式的确立,意味着消费者在每一次消费决策中都能有意识地倾向于选择那些既有利于个人健康又兼顾公共福祉的绿色产品。这种选择行为不仅是对环境责任的承担,也是对未来美好生活的积极投资。

与此同时,绿色科技创新如同一股强劲的驱动力,不断为市场注入丰富多样、质优价廉的绿色产品,充分满足日益增长的绿色消费需求。这些产品不仅提升了民众的生活质量,更在潜移默化中提升了消费的文化内涵与审美品位,促进了社会整体向更加绿色、健康、可持续的方向迈进。

(四)加快科技成果转化

科技成果转化,是将科研机构中孕育的创新性技术成果有效转移至生产领域,旨在推动新产品不断涌现、生产工艺持续优化、经济效益显著提升,最终驱动国家经济的全面进步。当前,加速科技成果转化并推动其产业化已成为全球科技政策发展的主流趋势。然而,我国在这一领域的现状尚存诸多不足,亟待改善。为扭转这一局面,需汇聚多方力量,共促科技成果转化生态的繁荣。

第一,政府应扮演好引导者的角色,通过制定并实施一系列扶持政策,鼓励企业自建科研机构,打破长期以来科技与经济之间的壁垒,促进两者深度融合。

第二,企业作为科技成果转化的核心主体,应自觉提升转化意识,勇于承担从研发到推广的全过程责任,将科技成果深度融入产品开发与生产实践中,实现科技成果的价值最大化。

第三,高等院校与科研院所作为科技成果的摇篮,应强化基础研究与应用研究的结合,积极投身于高新技术产业化的浪潮中,为社会贡献更多高质量的科技成果。

　　第四，科技中介服务机构作为连接技术供需双方的桥梁，应全面介入技术市场化的各个环节，通过高效的信息沟通与资源整合，为科技成果顺利进入市场铺设坦途。

第三章　人与自然和谐共生

在浩瀚宇宙的一隅，地球以其独特的韵律孕育了万物，人类作为这浩瀚生命史中璀璨的一章，自诞生之日起便与自然环境紧密相连，相互依存，共同编织着生命的诗篇。随着文明的进步与科技的发展，人类社会以前所未有的速度向前跃进，但这份辉煌背后，也悄然隐藏着人与自然关系失衡的阴影。因此，探索并实践人与自然和谐共生的理念，不仅是对古老智慧的现代回响，更是关乎地球未来、人类命运的重大课题。

第一节　人与自然和谐共生的理论渊源

人与自然和谐共生的理念是人类文明发展到一定阶段的必然产物，它根植于对自然规律的深刻理解和对人类行为后果的反思。这一理念的形成有着悠久的历史渊源和丰富的理论基础，其理论渊源可以追溯到古代哲学、宗教信仰、文化传统等多个方面。

一、古代哲学思想中的和谐共生智慧

自古以来，人类对于自身与自然界之间微妙而深刻的联系，便倾注了无尽的哲思与探索。东西方先哲们，如同夜空中璀璨的星辰，各自以其独特的光芒，照亮了人与自然和谐共生这一宏大命题的征途。

在中国这片古老而又充满活力的土地上，道家哲学以其深邃的智慧，率先提出了"天人合一"的崇高理念。这一哲学观，如同一条穿越时空的纽带，将人类与自然界紧密相连，强调两者之间的和谐统一与相互依存。道家认为，宇宙万物皆遵循着"道"的自然法则运行，人类作为其中的一员，应当顺应而非违背这些法则。正如《道德经》所言："人法地，地法天，天法道，道法自然。"这不仅是对宇宙间万物运行规律的精炼概括，更是对人类行为方式的深刻启示——即人类应当效法自然，遵循其内在规律，以谦卑之心与万物共生共荣，实现真正的和谐共生。

儒家文化作为中国传统文化的另一大支柱，同样在人与自然的关系上贡献了其独特的智慧。儒家以"仁爱"为核心，将这一伦理原则从人与人之间扩展到人与自然界之间，提出了"仁爱万物"的崇高理念。在儒家看来，自然界的万物皆有其存在的意义与价值，人类应当以一种博大的爱心去关怀和保护它们，这不仅是对生命多样性的尊重，更是对人类自身生存环境的呵护。儒家的这一思想，为后世树立了人与自然和谐相处的道德典范。

古希腊的哲学家们同样对人与自然的关系进行了深入的探讨。柏拉图以其深邃的哲学思考，构想了一个"理想国"，其中人与自然和谐共处的愿景成为他哲学思想中的重要组成部分。亚里士多德作为古希腊哲学的集大成者，更是明确提出了人类应以智慧和理解去对待自然，认识到自然界中一切事物的存在都有其目的和价值。他强调，人类作为理性的存在者，有责任和义务去维护自然界的平衡与和谐，实现与自然的共存共荣。

这些东西方先哲们的思想，虽然表述方式各异，但其核心精神却高度一致——即倡导人类与自然界的和谐共生。他们以其深邃的洞察力和卓越的智慧，为人类探索与自然和谐相处之道提供了宝贵的思想资源和精神动力。

二、宗教信仰的影响

宗教信仰自古以来便是构筑人类社会精神殿堂的坚固基石，它不仅塑造了人们的信仰体系，为心灵提供了归宿与安宁，还深刻地塑造了社会的道德规范与行为准则。在这些宗教的深邃教义中，蕴藏着丰富的生态智慧，特别是关于人类与自然和谐共生的深刻见解，这些思想跨越了宗教的界限，成为全人类共有的精神财富，引领着人们追求更加和谐、可持续的生活方式。

在佛教的浩瀚宇宙观中，众生平等的观念如同一股清新的泉水，滋养着人与自然之间那份古老而纯真的联系。这一观念超越了人与人之间的界限，将平等的视野扩展至整个自然界，包括那些无声无息、看似微不足道的生命体。佛教认为，宇宙间的一切众生，无论其形态、大小、力量或社会地位如何，都蕴含着同样的佛性，都是生命链条中不可或缺的一环。因此，佛教徒被赋予了神圣的使命，即以慈悲为舟，以智慧为帆，航行在尊重生命、保护生态的广阔海域中。他们不仅关心人类的福祉，也关注自然界中每一个生命的生存状态，用实际行动诠释着"万物一体"的深刻内涵。

与此同时，在基督教的信仰体系中，"上帝创造了天地万物"的宏伟叙事，为人类与自然的关系铺设了一条神圣的道路。这一信仰不仅确认了自然界的神圣起源，赋予了自然以崇高的地位，还明确了人类作为自然界子民的身份与责任。基督教教义强调，人类应当效仿上帝的慈爱与智慧，对自然界中的一切生命体及非生命元素给予同样的关怀与尊重。这种关怀不仅仅是对自然之恩的感激之情的表达，更是对上帝旨意的深刻领悟与践行。因此，基督教信徒被激励去采取积极有效的行动，保护我们赖以生存的地球家园，促进人与自然的和谐共生，让上帝的创造在爱与和平中得以延续。

三、文化传统的传承

在不同的文化传统中，与自然和谐共生的智慧如同璀璨的星辰，点缀着人类历史的长河，照亮了人类与自然相互依存、共同进化的道路。这些智慧不仅体现了人类对自然界的敬畏之心，也展现了不同文化背景下对生命本质的深刻洞察。

在非洲广袤的大地上，一些土著文化世代传承着与自然界的深厚联系。他们相信，自然界的万物，无论是巍峨的山川、奔腾的河流，还是细微的草木、灵动的昆虫，都蕴含着不可言喻的灵性。这种信仰促使他们与自然界中的生物建立起一种近乎亲密的伙伴关系，他们尊重每一个生命体，与之和谐相处，共同分享这片土地的恩赐。在这样的文化氛围中，人类不再是自然界的征服者，而是其和谐共生的一员，他们通过传统的仪式、习俗和禁忌，维护着自然界的平衡与和谐。

在遥远的美洲大陆，印第安文化同样蕴含着丰富的生态智慧。他们视自然界为一个不可分割的整体，人类只是这个庞大生态系统中的一个微小组成部分。这种整体观念让他们深刻认识到，人类的活动对自然界的影响是深远而广泛的。因此，他们强调要尊重自然规律，顺应自然节奏，以谦卑之心对待自然界的每一份馈赠。印第安人通过精心的土地管理、可持续的狩猎采集方式以及与自然界的和谐互动，维护了生态平衡，保护了生物多样性，为后代子孙留下了宝贵的自然资源。

这些不同的文化传统中的生态智慧，不仅为人类提供了与自然和谐共生的宝贵经验，也为我们反思现代工业文明对自然界的破坏提供了深刻的启示。

四、现代生态学的科学支撑

随着现代生态学的蓬勃发展，人类对于自然界的奥秘与复杂性的探索迈入了前所未有的深度与广度。在这一进程中，我们逐渐揭开了生态系统那层神秘而精细的面纱，深刻认识到其内部结构的错综复杂以及面对外界干扰时的脆弱与敏感。生态学家们通过大量的观察、实验与研究，揭示了生物多样性作为生态系统稳定与健康基石的不可替代性，这一发现如同灯塔一般照亮了人类与自然和谐共生的道路。每一个物种都在生态系统中扮演着独特的角色，它们之间通过食物链、生态位和相互作用形成了错综复杂的网络关系。这种多样性不仅丰富了自然界的色彩与形态，更保障了生态系统在面对环境变化和外部压力时的韧性与恢复力。一旦生物多样性受到破坏，整个生态系统的平衡将被打破，可能引发连锁反应，导致生态危机甚至物种灭绝的严重后果。

人类活动作为影响生态系统的重要因素之一，其深远影响不容忽视。从工业化的快速推进到城市化的加速扩张，从自然资源的过度开发到环境污染的日益严重，人类的行为正以前所未有的方式改变着地球的面貌和生态系统的运行规律。这些变化不仅威胁到了生物多样性的存续，也危及人类自身的生存和发展。

基于这样的科学认识，人类开始重新审视自己与自然的关系，从征服者转变为守护者。人们逐渐认识到，只有尊重自然、顺应自然、保护自然，才能实现人与自然的和谐共生。为了实现这一目标，全球范围内掀起了一股可持续发展的浪潮。人们开始探索如何在满足当前需求的同时，不损害未来世代满足其需求的能力；如何通过科技创新和制度创新来减少对生态环境的负面影响；如何建立绿色、低碳、循环的经济体系来促进经济社会与生态环境的协调发展。

总之，现代生态学的发展为人们提供了实现人与自然和谐共生的理论支撑和实践指导。它让我们更加清晰地认识到生态系统的复杂性和脆弱性，以及生物多样性对于维护生态平衡的重要性。同时，它也促使我们反思并调整自己的行为方式，积极寻求可持续发展的路径，共同守护这个唯一的地球家园。

五、环境伦理学的道德考量

环境伦理学作为当代学术领域中一颗冉冉升起的新星，正以其独特的视角和深远的蕴含引领着人类对自身与自然关系的新一轮深刻反思。这一学科不仅关注人类社会的伦理道德建设，更将视野拓宽至人与自然界的广阔领域，深入探讨了人类在面对自然环境时所应承担的道德责任。

环境伦理学主张一种超越传统人类中心主义的伦理观念。在传统观念中，人类往往被视为自然界的中心与主宰，自然资源的开发与利用多以满足人类自身需求为出发点。然而，环境伦理学却打破了这一思维定式，它强调人类应当认识到自己只是自然界众多生命体中的一员，而非凌驾于其他生物之上的统治者。因此，人类有义务将道德关怀的触角延伸至非人类生物乃至整个生态系统，尊重它们的生存权利，维护它们的生存环境。

随着环境伦理学理论的不断成熟与发展，其对于实现人与自然和谐共生的指导意义也日益凸显。它为我们提供了一种全新的道德视角，促使我们在制定政策、规划发展时，不仅要考虑经济效益和社会效益，更要将环境效益纳入其中，实现经济、社会与环境的协调发展。在这一过程中，环境伦理学鼓励我们采取更加绿色、低碳、可持续的生产生活方式，减少对自然资源的过度消耗和生态环境的破坏，为后代子孙留下一个更加宜居、美丽的地球家园。此外，环境伦理学还强调了公众参与和多元共治的重要性。它认为，实现人与自然和谐共生的目标需要全社会的共同努力和广泛参与。政府、企业、社会组织以及每一个个体都应当承担起自己的责任，共同推动环境保护和生态平衡的实现。通过加强环境教育、提高公众环保意识、推动绿色科技创新、加强环境监管等措施，可以形成全社会共同参与环境保护的良好氛围，为实现人与自然和谐共生的美好愿景贡献自己的力量。

六、社会经济的发展与反思

自工业革命以来，人类社会经历了一场前所未有的经济飞跃，科技的迅猛进步极大地推动了生产力的提升，促进了全球经济的快速增长。然而，这一辉煌成就的背后，却隐藏着对自然资源无节制开发与利用的深刻代价。随着工业化、城市化的加速推进，人类对煤炭、石油、矿产等自然资源的渴求达到了前所未有的程度，大规模的开采与加工活动不仅导致了资源的迅速枯竭，还引发了环境污染、生态破坏等一系列严峻问题。

河流被工业废水污染，大气质量因排放的废气而恶化，森林因过度砍伐而逐渐消失，生物多样性受到前所未有的威胁……这些问题如同警钟一般，不断提醒着人类必须重新审视自身与自然的关系，寻找一条既能满足当前发展需求，又不损害未来世代利益的发展道路。

正是在这样的背景下，可持续发展的概念应运而生，并迅速成为国际社会广泛关注的热点话题。可持续发展不仅仅是一个经济概念，更是一种全新的发展理念和模式。它强调在经济发展过程中，必须充分考虑资源环境的承载能力，合理规划与利用自然资源，实现经济、社会与环境的协调发展。同时，可持续发展还注重代际公平，即当代人在追求自身发展的同时，必须为后代人留下足够的自然资源和良好的生态环境，确保他们也能够享有同等的发展机会和生活质量。

为了实现可持续发展的目标，国际社会采取了一系列积极措施。各国政府纷纷出台相关政策法规，加强环境监管与治理，推动绿色产业和清洁能源的发展；企业界也积极响应号召，加强技术创新与转型升级，提高资源利用效率，减少污染排放；社会各界也广泛参与进来，通过宣传教育、公益活动等方式提升公众环保意识，形成全社会共同参与环境保护的良好氛围。

七、环境政策与法律的推动

为了实现人与自然的和谐共生这一宏伟目标，全球范围内的各国政府及国际组织展现出了前所未有的决心与行动力，共同编织起一张守护地球家园的法律与政策网络。这些精心设计的环境政策和法律框架，不仅体现了人类对自然环境深刻而紧迫的责任感，也标志着我们在探索可持续发展道路上迈出了坚实的一步。

首先，各国政府纷纷将环境保护提升至国家战略高度，制定并实施了一系列旨在保护自然环境、遏制环境退化的政策措施。这些政策涵盖了从资源开采、工业生产到消费模式的全方位变革，通过设定严格的环保标准、推广清洁能源、鼓励循环经济等方式，有效限制了不合理的开发行为，促进了资源的节约与高效利用。同时，政府还加大了对生态环境修复的投入，通过植树造林、湿地恢复、污染土壤治理等措施，努力恢复受损的生态系统，提升自然环境的自我恢复能力。

在国际层面，国际组织则发挥着重要的协调与推动作用。联合国环境规划署（UNEP）作为环境领域的权威机构，自成立以来一直致力于推动全球环境合作与治理，通过提供政策指导、技术支持和资金援助等方式，帮助各国加强环境保护能力。此外，一系列具有里程碑意义的国际公约的签署，更是为全球环境保护事业注入了强劲动力。《生物多样性公约》的签署，标志着国际社会在保护生物多样性、促进生态系统服务可持续利用方面达成了广泛共识；《气候变化框架公约》及其后续通过的协议（如《巴黎协定》），展现了全球共同应对气候变化的坚定决心与行动方案。这些国际公约不仅为各国设定了明确的环保目标与时间表，还建立了合作机制与监督机制，确保各国能够携手并进，共同推动全球环境保护事业的发展。

八、公众意识的觉醒与参与

公众意识的觉醒与积极参与是推动人与自然和谐共生进程中的一股不可忽视的强大力量。在环境危机日益严峻的今天，人们逐渐从日常生活的细微之处感受到环境变化带来的冲击，这种切身的体验促使公众对环境保护的认知发生了深刻转变，从最初的漠视或被动接受转变为积极关注与主动行动。

公众意识的觉醒，首先体现在对环境问题的深刻认识上。随着信息传播的日益便捷和环保教育的普及，人们开始广泛接触并深入了解环境污染、资源枯竭、生态破坏等问题的严重性和紧迫性。这种认识不仅激发了公众的忧患意识，也促使他们开始思考如何在日常生活中作出改变，以减少对环境的负面影响。

在意识觉醒的基础上，公众积极参与到各类环保活动中来。从参与社区组织的垃圾分类、植树造林、河流清理等公益活动，到自发组织或加入环保志愿者团队,投身到更广泛的环保行动中,公众用自己的实际行动诠释了对环境保护的承诺与担当。这些活动不仅直接改善了环境状况,更重要的是,它们传递了环保理念,激发了更多人的参与热情,形成了良好的社会示范效应。同时,公众还通过支持绿色消费、倡导低碳生活等方式,为环境保护贡献自己的力量。绿色消费理念鼓励人们选择环保标志产品、减少一次性用品使用、优先购买节能减排产品等,这些行为不仅有利于减少环境污染和资源浪费,还促进了绿色产业的发展。低碳生活方式的倡导,鼓励人们从日常生活的点滴做起,如节约用水用电、骑行或步行代替驾车、减少碳足迹等,这些看似微小的改变汇聚成海,将对环境保护产生深远的影响。

九、科技与创新的助力

科技与创新作为现代社会发展的双轮驱动,在实现人与自然和谐共生的伟大征程中扮演着至关重要的角色。新技术的开发与应用,为减少环境污染、缓解资源压力提供了强有力的工具。在能源领域,可再生能源技术的飞速发展,如太阳能、风能、水能等的广泛应用,极大地降低了对化石燃料的依赖,减少了温室气体排放,为缓解全球气候变暖做出了重要贡献。这些清洁能源的利用不仅有助于改善空气质量,保护生态环境,还促进了能源结构的优化升级,推动了能源产业的绿色转型。同时,生态农业技术的创新也为农业可持续发展注入了新的活力。通过精准农业、生物防治、有机耕作等现代农业技术的应用,农民们能够在减少化肥农药使用量的同时,提高农作物的产量和品质,保护土壤和水源免受污染。生态农业的发展,不仅保障了食品安全,还促进了农村经济的多元化和生态环境的良性循环。

科技与创新在提高资源利用效率方面也发挥着重要作用。通过智能化、信息化等先进技术的应用,企业能够实现对生产过程的精细化管理,减少原材料消耗和废弃物产生,提高资源利用效率。例如,工业领域的循环经济技术和智能制造技术,能够实现资源的循环利用和废弃物的资源化处理,促进工业经济与生态环境的协调发展。

综上所述，科技与创新是实现人与自然和谐共生的关键力量。它们通过新技术的开发与应用，不断推动着环境保护、资源节约和经济发展的深度融合，为实现可持续发展目标提供了强有力的支撑。

十、教育与文化的传承

教育和文化作为塑造人类思维方式和行为模式的两大基石，对于培养人们与自然和谐共生的观念和行为具有不可替代的重要作用。在教育领域，教育是开启智慧之门、启迪人类心灵的关键。通过系统化的教育体系，人们得以深入了解自然环境的重要性，认识到自然界的脆弱与宝贵。从基础教育阶段的自然科学课程，到高等教育中的环境科学、生态学等专业学习，教育为人们搭建了一个全方位、多层次的知识框架，让人们学会用科学的方法去观察和思考环境问题，掌握保护环境和合理利用资源的知识与技能。此外，环境教育还注重培养学生的环保意识和社会责任感，鼓励他们积极参与环保行动，为守护地球家园贡献自己的力量。文化的传承，是将与自然和谐共生的理念深植人心的重要途径。文化是一个民族、一个国家的灵魂，它蕴含着丰富的历史智慧和价值取向。在悠久的文化长河中，许多民族都形成了自己独特的生态观和环保理念，如中国古代的"天人合一"思想、印度的"众生平等"观念等。这些文化元素通过口耳相传、文学作品、艺术形式等多种方式得以传承和发展，不断影响着人们的思维方式和行为模式。在现代社会，文化的传承与创新相结合更是涌现出了许多倡导绿色生活、呼吁环保行动的文化产品和文化活动，如绿色文学、环保电影、生态音乐节等，它们以独特的魅力吸引着越来越多的人加入到环保事业中来。

教育与文化的结合，形成了一股强大的力量，推动着人类与自然和谐共生观念的普及和深化。通过教育，人们不仅学会了如何保护环境和合理利用资源的知识与技能，更在内心深处树立了尊重自然、关爱生命的价值观念；而文化的传承则将这些理念融入人们的日常生活和精神世界，形成了全社会的共识和行动指南。在这个过程中,每个人都成为环保的参与者和推动者,共同为构建一个人与自然和谐共生的美好世界而努力奋斗。

第二节 人与自然和谐共生的主要内容

在人类文明的长河中,人与自然的关系始终是社会发展的核心议题之一。随着时代的进步和认识的深化,人类逐渐意识到与自然和谐共生的重要性,并将其作为可持续发展战略的核心内容。本节将深入探讨人与自然和谐共生的主要内容。

一、环境保护意识的提升

环境保护意识的提升作为实现人与自然和谐共生的前提与基石,其重要性不言而喻。这一过程深刻影响着每一个社会成员的思想观念与行为方式,是构建生态文明社会的先决条件。它呼吁我们全体社会成员跨越认知的边界,深入探索并理解自然环境对人类生存与发展的基石作用,认识到自然界的健康与稳定直接关系到人类社会的繁荣与未来。在这一理念的指引下,我们需树立起对自然的敬畏之心,学会尊重自然规律,顺应自然发展的节奏,而不是盲目地征服与改造。这种尊重不仅体现在对自然资源的合理利用上,更在于对生态系统完整性的保护与维护,确保生物多样性不受侵害,生态环境得以持续改善。

为了实现这一目标,教育普及扮演着至关重要的角色。从基础教育到高等教育,都应将环境教育纳入课程体系,通过生动有趣的教学方式和实践活动,激发学生对环境保护的兴趣与热情,培养他们的环保责任感和行动力。

同时，媒体作为信息传播的重要渠道，应积极发挥舆论引导作用，加大对环境问题的报道力度，揭露环境破坏的真相，弘扬环保正能量，提高公众对环境问题的认知度和关注度。

公众参与也是推动环境保护意识提升不可或缺的一环。政府应鼓励和支持各类环保组织、社会团体及志愿者队伍的发展壮大，为他们提供必要的政策指导和资源支持。通过这些平台，公众可以更加便捷地参与环保行动，无论是参与植树造林、垃圾分类、节能减排等具体活动，还是通过社交媒体等渠道传播环保理念、倡导绿色生活方式，都能为环境保护贡献自己的一份力量。最终，当全社会成员都深刻认识到环境保护的重要性，并自觉践行尊重自然、顺应自然、保护自然的生态文明理念时，一个全社会共同关心、支持和参与环境保护的良好氛围将蔚然形成。这将为我们实现人与自然和谐共生的美好愿景奠定坚实的基础。

二、绿色生产生活方式的推广

绿色生产生活方式的推广不仅是实现人与自然和谐共生的关键环节，更是推动社会向可持续发展转型的必由之路。它深刻影响着人类社会的每一个角落，从生产到消费，从居住到出行，无一不体现着绿色、低碳、循环的核心理念。

在生产领域，绿色生产方式的推广意味着对传统生产模式的根本性变革。通过大力推广清洁生产技术和节能减排技术，企业能够在生产过程中显著降低资源消耗和污染物排放，实现经济效益与环境效益的双赢。这要求企业不断加大技术创新力度，研发出更加环保、高效的生产工艺和设备，同时加强生产过程中的环境管理，确保各项环保措施得到有效执行。此外，政府也应出台相关政策措施，鼓励和支持企业实施绿色生产，比如提供税收优惠、财政补贴等激励措施，以及加大环境监管和执法力度，对违法排污行为进行严厉打击。

在消费领域，绿色消费观念的倡导是引导消费者转变传统消费模式的重要手段。通过教育引导和市场机制的双重作用，可以鼓励消费者选择那些具有环保标志的产品，这些产品往往在生产过程中采用了更加环保的材料和工艺，对环境的负面影响更小。同时，减少一次性用品的使用也是绿色消费的重要体现，这要求我们从日常生活中的点滴做起，比如使用可重复使用的购物袋、餐具等，减少对环境的污染和破坏。此外，支持循环经济发展也是绿色消费的重要内容，通过促进资源的循环利用和再生利用，可以有效减少资源消耗和废弃物产生，实现经济社会的可持续发展。

在居住领域，绿色建筑和生态社区的建设是提升居住环境舒适性和可持续性的关键所在。绿色建筑强调在建筑设计、建造和运营过程中充分考虑环保因素，采用节能、节水、节材等环保技术和材料，减少建筑对环境的负面影响。生态社区更加注重社区与自然的和谐共生，通过合理规划布局、加强绿化建设、推广生态文化等措施，营造出一个宜居、宜业、宜游的生态环境。这要求我们在城市规划和建设中充分考虑环境因素，注重生态平衡和环境保护，同时加强居民的环境教育和参与意识培养，共同营造一个绿色、低碳、循环的居住环境。

总之，绿色生产生活方式的推广是实现人与自然和谐共生的关键所在。它要求我们在生产、消费、居住等各个方面都遵循绿色、低碳、循环的原则，通过技术创新、政策引导、市场机制等多种手段共同推动社会向可持续发展转型。只有这样我们才能够真正实现人与自然的和谐共生为子孙后代留下一个更加美好的家园。

三、资源的高效循环利用

资源的高效循环利用作为实现人与自然和谐共生的重要途径，其深远意义在于确保地球资源的可持续性与人类社会的长远发展相协调。这一过程不仅是对传统资源利用模式的深刻反思与革新，更是对未来可持续发展路径的积极探索与实践。

在资源开发和利用的过程中，高效循环利用的核心在于"减量、再用、循环"三大原则。

第一，减量原则强调从源头上减少资源的消耗与浪费，通过优化产品设计、改进生产工艺、提高能源利用效率等手段，实现资源使用量的最小化。这要求我们在每一个生产环节中都融入节约意识，力求以最小的资源投入获得最大的产出效益。

第二，再用原则倡导资源的多次利用与循环利用。通过技术创新和制度创新，可以推动资源节约和循环利用技术的研发与应用，如开发可降解材料、推广废旧物品回收再利用技术等。这些技术的普及与应用将极大地延长资源的使用寿命，减少资源的浪费与损耗。

第三，加强资源回收利用体系建设是实现资源高效循环利用的重要保障。这包括建立完善的废弃物分类收集、运输、处理体系，以及推动废弃物资源化利用和无害化处理技术的发展。通过这些措施，可以将原本被视为"废物"的资源转化为有价值的再生资源，实现资源的循环利用与经济的可持续发展。

此外，国际合作与交流在应对全球资源短缺和环境挑战中发挥着不可替代的作用。面对全球性的资源与环境问题，任何国家都无法独善其身。因此，加强国际合作与交流，共同分享资源节约与循环利用的成功经验和技术成果，协调解决跨国界的资源与环境问题，是实现全球资源高效循环利用的重要途径。

四、生态文明的构建

生态文明的构建作为实现人与自然和谐共生的崇高目标与终极愿景，它不仅是对传统发展模式的深刻反思与超越，更是对未来可持续发展路径的积极探索与实践。在这一宏伟蓝图的指引下，我们必须在经济社会发展的全过程中，坚定不移地将生态文明置于引领地位，确保经济、政治、文化、社会等各个领域的发展都遵循生态优先、绿色发展的原则，实现全面协调可持续发展。为了实现这一目标，我们首先需要从制度建设入手，加强生态文明制

第三章　人与自然和谐共生

度体系的建设与完善。这包括制定更加严格的环境保护法律法规，建立健全生态补偿机制，推动绿色税收、绿色金融等经济政策的创新与实施，以及加大环境监管与执法力度，确保各项环保措施得到有效执行。同时，还应积极探索生态文明绩效评价与考核体系，将资源消耗、环境损害、生态效益等指标纳入经济社会发展综合评价体系，引导全社会形成绿色发展的共识与行动。

在绿色发展方式和生活方式的变革上，需要大力推广绿色技术和绿色产品，促进产业结构优化升级，推动能源生产和消费革命，构建清洁低碳、安全高效的能源体系。同时，鼓励公众采用绿色出行、节能减排、垃圾分类等环保行为，形成绿色生活方式。这些变革将有力推动经济社会的绿色转型，为生态文明社会的构建奠定坚实基础。此外，加强生态环境保护与治理也是构建生态文明社会不可或缺的一环，需要加大生态环境保护力度，实施重大生态修复工程，加强生物多样性保护，提高生态系统服务功能。同时，加强环境污染治理，对重点区域、重点行业和重点污染物进行集中整治，确保环境质量持续改善。这些措施将有效缓解生态环境压力，为人民群众创造更加宜居的生活环境。

在生态文明构建的过程中，还需要树立尊重自然、顺应自然、保护自然的生态文明理念。这一理念要求我们认识到自然是人类赖以生存和发展的基础，必须像对待生命一样对待自然环境。要学习自然规律、敬畏自然法则、保护自然生态，以科学的方法论指导我们的行动和实践。同时，加强生态文明宣传教育也是至关重要的，需要通过多种形式、多种渠道普及生态文明知识，提高公众的生态文明素养和环保意识。通过教育引导、舆论宣传、社会实践等多种方式，让生态文明理念深入人心、成为自觉行动。

最后，加强国际合作与交流也是推动全球生态文明建设的重要途径。面对全球性的环境问题和挑战，任何国家都无法独善其身。我们需要加强与国际社会的沟通与合作，共同分享生态文明建设的成功经验和技术成果，协调解决跨国界的环境问题，推动全球生态文明建设的进程。

综上所述，生态文明的构建是一个复杂而艰巨的任务，需要我们全社会的共同努力和持续奋斗。只有当真正实现了人与自然的和谐共生、经济繁荣与环境保护的相协调时，才能说我们已经成功构建了生态文明社会。

第三节 推动人与自然和谐共生的意义

在人类历史的长河中，人类与自然的关系始终是影响文明兴衰的重要因素。随着工业化、城市化进程的加速，人类对自然资源的掠夺性开发和环境污染问题日益严峻，生态平衡遭受严重破坏，这不仅威胁到生物多样性的存续，也直接影响到人类自身的生存和发展。因此，推动人与自然和谐共生，不仅是应对当前环境危机的迫切需求，更是实现可持续发展、构建人类命运共同体的必由之路。本节将从多个维度深入探讨推动人与自然和谐共生的重大意义。

一、维护地球生态平衡，保障生物多样性

生态平衡作为自然界中一个精妙而复杂的系统，是众多生物种群、非生物环境要素以及它们之间错综复杂关系所共同维持的一种动态平衡状态。这种平衡体现在自然界各组分之间的相互依存与相互制约上，如同一张错综复杂的网，每一个节点都与其他节点紧密相连，共同编织着地球生命的多彩画卷。在这一生态网络中，各种生物通过食物链、食物网等机制相互依赖，同时，它们也通过竞争、捕食、共生等关系相互制约，从而保持整个生态系统的稳定性和可持续性。这种稳定性不仅体现在生物种群数量的相对恒定上，更体现在生态功能的正常运转和生态服务的持续提供上。推动人与自然和谐共生，正是基于对这一生态平衡深刻理解的基础上提出的。它要求我们在经济社会发展的同时必须尊重自然规律，认识到人类活动对自然环境的影响是深远且不可逆转的。因此，需要采取更加科学合理的方式来开发利用自然资源，避免过度开采和浪费，减少对生态系统的干扰和破坏。

具体而言，推动人与自然和谐共生意味着要实施绿色发展战略，推动产业结构优化升级，发展绿色低碳产业，减少对化石能源的依赖，提高能源利

用效率。同时，加强生态环境保护和修复，实施生物多样性保护工程，保护珍稀濒危物种及其栖息地，防止物种灭绝和生态系统退化。此外，还需要加大环境监管和执法力度，严厉打击环境违法行为，维护良好的生态环境秩序。

通过这些措施的实施，可以有效维护生物多样性，保护珍稀濒危物种，防止物种灭绝和生态系统崩溃。生物多样性的丰富程度是衡量一个地区生态环境质量的重要指标之一，它不仅关乎地球生态的稳定性和健康发展，更直接关乎人类社会的福祉和可持续发展。一个生物多样性丰富的生态系统能够提供更多的生态服务，如空气净化、水源涵养、土壤保持、气候调节等，这些服务对于人类社会的生存和发展具有不可替代的作用。

二、促进经济社会可持续发展

资源短缺与环境污染这两大全球性难题正日益成为悬挂在经济社会高速发展征途上的沉重枷锁，严重制约了国家发展步伐与民众福祉的提升。面对这一严峻挑战，推动人与自然和谐共生的理念不仅是对自然规律的深刻认识，更是人类社会发展的必然选择。倡导并实践绿色低碳的生产生活方式成为破解资源环境困境、迈向可持续发展道路的关键所在。

绿色低碳的生产方式意味着在生产过程中采用清洁技术，优化资源利用效率，减少能源消耗和废弃物排放。这种转型不仅减轻了对自然资源的过度依赖和掠夺性开采，还促进了产业链的绿色升级，推动了新兴环保产业的发展，为经济注入了新的活力。同时，通过技术创新和模式创新，企业能够找到更高效、更环保的生产路径，提升自身竞争力，实现经济效益与环境效益的双赢。

在生活方式上，倡导绿色低碳则鼓励人们树立节约意识，减少不必要的消费，选择环保产品，积极参与垃圾分类、节能减排等环保行动。这种生活方式的变革，不仅有助于降低个人及家庭的生活成本，提高生活质量，更在全社会范围内营造了珍惜资源、保护环境的良好氛围，促进了社会整体文明程度的提升。

通过发展循环经济和绿色经济，能够构建一个资源高效循环利用、环境得到有效保护的现代经济体系。循环经济强调"减量化、再使用、再循环"的原则，通过技术创新和制度创新，实现资源的高效利用和废弃物的资源化。绿色经济是以保护生态环境为前提，以资源环境承载能力为基础，以可持续发展为目标的经济增长模式。两者的有机结合，为经济增长与环境保护之间的平衡提供了可能，为实现经济社会全面协调可持续发展奠定了坚实基础。

总之，面对资源短缺和环境污染的严峻挑战，推动人与自然和谐共生、倡导绿色低碳的生产生活方式已成为时代赋予我们的历史使命。只有通过全社会的共同努力和持续创新，才能突破瓶颈制约，开创出一个资源节约型、环境友好型的未来社会，让人民群众在享受经济发展成果的同时，也能拥有更加美好的生态环境。

三、提升全球治理效能，构建人类命运共同体

环境问题作为当今时代最为紧迫的全球性议题之一，其特性显著地表现为全球性、跨域性和复杂性。这些特性意味着环境问题的影响超越了国界，涉及多个领域，且往往由多重因素交织而成，任何单一国家都难以独力应对。因此，推动人与自然和谐共生不仅是对自然规律的尊重，更是对全球共同责任的深刻认识与实践。

面对这样的挑战，国际社会加强合作显得尤为关键。只有通过各国政府、国际组织、非政府组织以及企业等多方力量的携手努力，才能形成合力，共同应对气候变化、生物多样性丧失、水资源短缺、空气污染等全球性环境危机。这种合作不仅有助于缓解当前的环境压力，更能为未来的可持续发展奠定坚实基础。

加强国际合作，首先能够提升全球治理效能。在全球治理体系中，环境领域是一个重要的组成部分。通过加强环境领域的国际合作，可以优化资源

配置，减少重复劳动，提高决策的科学性和有效性。同时，合作还能够促进各国在环境保护政策、法规和技术标准等方面的协调与统一，为跨国界的环境问题提供更为有效的解决方案。其次，国际合作有助于增强各国在环境保护领域的协同行动能力。在环境问题的应对过程中，各国往往面临着不同的挑战和困境。通过国际合作，各国可以相互借鉴经验，分享成功案例，共同研究解决方案。这种协同行动不仅能够提高各国自身的环境管理水平，还能够增强整个国际社会的环境应对能力。

此外，共享环保技术、经验和成果也是国际合作的重要内容。环保技术是推动环境保护事业发展的重要力量。通过国际合作，发达国家可以向发展中国家提供先进的环保技术和经验支持，帮助其提升环境治理能力。同时，发展中国家也可以结合自身实际，探索适合自身国情的环保道路，为全球环保事业贡献自己的力量。这种技术共享和经验交流不仅有助于缩小南北之间的发展差距，还能够推动构建更加公正合理的国际秩序和人类命运共同体。

总之，环境问题具有全球性、跨域性和复杂性等特点，需要国际社会加强合作共同应对。通过提升全球治理效能、增强协同行动能力以及共享环保技术、经验和成果等举措，我们可以推动人与自然和谐共生，为全球的可持续发展和人类的共同未来贡献力量。

四、促进人的全面发展，实现人与自然和谐共生

人是自然界不可分割的一部分，我们的生存与发展始终根植于这片广袤而神秘的自然之中。从远古的狩猎采集到现代的高度文明，人类社会的每一次进步都离不开自然的慷慨馈赠与无私支撑。山川河流赋予我们水源与矿产，森林草原滋养着万物生长，而清新的空气与肥沃的土地更是我们赖以生存的基础。因此，推动人与自然和谐共生，不仅是对自然规律的深刻认识与尊重，更是人类自身可持续发展的必由之路。

实现人与自然的和谐共生，意味着我们要从内心深处树立起对自然的敬畏之心，学会尊重自然、顺应自然、保护自然。这意味着在经济发展与社会

进步的过程中，要始终坚持绿色、低碳、循环的发展理念，避免对自然环境造成不可逆转的破坏。要通过科技创新和制度设计，不断优化资源利用方式，提高资源利用效率，减少污染排放，让经济活动与自然生态系统形成良性循环。这样的努力不仅有助于维护自然界的生态平衡，更能够提升人们的生态文明意识，引导人们树立正确的价值观和发展观。在人与自然和谐共生的环境中，人们将更加珍视自然资源，更加关注环境保护，形成全社会共同参与生态文明建设的良好氛围。这种意识的觉醒将推动人类社会的全面进步，促进人的全面发展。

此外，人与自然的和谐共生还将带来实实在在的生活福祉。在清新的空气、纯净的水源和丰富的食物供应下，人们将能够享受到更加健康、舒适的生活环境。这将大大提高人们的生活质量和幸福感，让每一个人都能够在这片美丽的星球上安居乐业、幸福生活。

五、应对全球气候变化，保护地球家园

全球气候变化作为当前时代最为紧迫且复杂的环境议题之一，正以前所未有的速度和规模威胁着人类社会的可持续发展与地球生态的平衡。极端气候事件的频发、冰川融化、海平面上升、生物多样性丧失等现象，无不昭示着全球气候系统正经历着深刻而剧烈的变化。这一挑战跨越国界，影响深远，需要全球范围内的共同行动与智慧应对。

推动人与自然和谐共生，不仅是对自然规律的深刻领悟，也是应对全球气候变化的核心策略。它要求我们在经济社会发展的同时，充分考虑自然环境的承载能力，实现经济发展与环境保护的双赢。减少温室气体排放作为减缓气候变化的关键举措，需要全球各国共同努力，通过技术创新、政策引导、市场机制等手段，推动能源结构的优化升级，大力发展风能、太阳能、水能等可再生能源，减少对化石燃料的依赖，从源头上降低温室气体排放。同时，增强气候适应能力也是应对全球气候变化不可或缺的一环。面对已经发生和可能加剧的气候变化影响，各国需要加强灾害预警与应急响应机制建

设,提高基础设施的韧性,保障粮食安全与水资源安全,保护生态系统与生物多样性,确保人民生命财产安全和社会稳定。在此过程中,加强气候变化国际合作显得尤为重要。气候变化是全球性问题,需要全球共同应对。各国应在平等、尊重、合作的基础上,加强政策对话与经验交流,共同研究应对气候变化的科技手段与政策措施,分享减缓和适应气候变化的成功经验与最佳实践。通过国际合作,可以汇聚全球智慧与力量,形成应对气候变化的强大合力。

第四节 人与自然和谐共生现代化的实践路径

一、绿色低碳发展模式的构建

绿色低碳发展作为引领未来经济社会可持续发展的关键引擎,是实现人与自然和谐共生的核心路径。这一路径的深入践行不仅是对当前环境危机的积极回应,更是对未来世代福祉的深远布局。它要求我们在经济发展的每一个环节中,都牢固树立绿色发展理念,将其作为指导原则,贯穿于政策制定、产业布局、技术创新及社会治理的全过程。

(一)发展可再生能源

随着科技的进步和成本的降低,风能、太阳能、水能、生物质能等可再生能源正逐步展现出其巨大的潜力和优势。我们应进一步加大对这些清洁能源的开发利用力度,通过政策扶持、资金投入、技术研发等手段,促进其规模化、商业化发展。同时,优化能源消费结构,逐步提高可再生能源在能源总量中的占比,减少对煤炭、石油等传统化石能源的依赖,从根本上降低温室气体排放，减轻对环境的压力。

（二）提高能源利用效率

在能源总量有限的情况下，通过技术创新和管理创新，提升能源利用效率，是实现节能减排、促进经济可持续发展的关键。这需要我们加强节能技术研发和推广应用，提高能源转换和传输效率；同时，推动工业、建筑、交通等领域的能效提升改造，降低单位GDP能耗，实现能源消费的集约化和高效化。此外，还应建立健全能源管理体系，加强能源消费监测和评估，确保能源利用效率持续提升。

（三）推广绿色生产方式

传统的高污染、高能耗生产方式已经难以为继，必须推动生产方式的绿色转型。这要求企业积极采用清洁生产技术，减少污染物排放，降低生产过程中的环境风险；大力发展循环经济，推动资源的高效循环利用和废弃物的资源化利用，构建循环产业链和循环经济体系。此外，还应加强环保法律法规建设，严格环境监管和执法，促使企业自觉遵守环保法规，履行社会责任。

二、生态文明制度体系的完善

完善的生态文明制度体系作为实现人与自然和谐共生的坚固基石，是确保生态环境得到有效保护、资源得到合理利用、人与自然关系和谐发展的关键所在。这一制度体系的构建，旨在通过一系列科学、严密、高效的法律、政策和监管措施，为生态文明建设的持续推进提供全方位、多层次的保障。

（一）完善法律法规体系

我们必须紧跟时代步伐，不断审视和更新现有的生态环境保护法律法规，确保其能够适应新形势、新任务的要求。这包括制定和完善一系列针对生态环境保护的具体法律法规，如水资源保护法、大气污染防治法、土壤污染防治法等，以明确生态环境保护的责任主体、权利义务和法律责任，为生态环境保护提供坚实的法律支撑。同时，还应加强法律法规之间的衔接和协调，确保它们在实施过程中的一致性和有效性。

（二）建立政策激励机制

为了激发社会各界参与生态环境保护的积极性，我们需要通过一系列具有吸引力的政策措施来引导和鼓励。这包括财政补贴政策，对积极采取环保措施的企业和个人给予一定的经济支持；税收优惠政策，对环保产业和绿色产品给予税收减免或优惠；以及绿色金融政策，通过提供绿色信贷、绿色债券等金融产品和服务，支持环保项目的融资和运营。这些政策激励机制的建立，将有效降低企业和个人参与生态环境保护的成本和风险，促进绿色低碳发展模式的形成。

（三）加大监管执法力度

必须建立健全生态环境监管体系，明确监管职责和权限，加强监管队伍建设和能力建设，提高监管效率和质量。同时，还应加大生态环境执法力度，对破坏生态环境的行为进行严厉打击和惩处，形成有效的震慑和警示作用。此外，还应加强信息公开和公众参与，鼓励社会各界对生态环境保护工作进行监督和评价，推动形成全社会共同参与的生态环境保护良好氛围。

三、公众参与与意识提升

公众参与和生态文明意识的普遍提升，不仅是实现人与自然和谐共生的深厚土壤，也是构建可持续发展社会的关键基石。这一进程要求我们采取一系列措施，深化生态文明理念的传播与实践，促进社会各界对生态环境保护的认识从知晓走向行动，最终形成全社会共同参与、协同推进生态文明建设的强大合力。

（一）加强生态文明教育

应当将生态文明教育视为国民教育不可或缺的一部分，从幼儿园到大学，各个阶段都应融入生态文明理念的教学内容。通过生动有趣的课程设计、实践活动和案例分享，激发青少年对自然的好奇心和敬畏心，培养他们从小养成良好的生态文明意识和环保行为习惯。这样的教育方式不仅能让年轻一代成为生态文明建设的生力军，还能通过他们的行为影响家庭和社会，形成代际传承的良好局面。

（二）倡导绿色生活方式

应当鼓励公众在日常生活中采取更加环保和可持续的行为方式，如优先选择公共交通工具或骑行、步行等绿色出行方式，减少私家车使用；在日常生活中注重节能减排，合理使用水电资源；积极参与垃圾分类，促进资源循环利用等。这些看似微小的行为改变，汇聚起来将产生巨大的环保效应，推动社会整体向绿色低碳转型。

（三）强化社会监督

强化社会监督是确保生态环境保护措施得到有效执行的重要保障。我们应当建立健全生态环境信息公开制度，确保公众能够及时、准确地获取生态环境质量、污染排放等关键信息，保障公众的知情权。同时，积极拓宽公众参与生态环境监督的渠道和方式,如设立举报热线、开展环保公益活动、邀请公众代表参与环境决策等,鼓励公众积极投身到生态环境保护的监督中来。通过公众的广泛参与和有效监督,能够及时发现和纠正生态环境问题,共同维护生态环境安全。

四、国际合作与全球治理

面对日益严峻的全球性环境问题,如气候变化、生物多样性丧失、水资源短缺及污染加剧等,这些挑战跨越国界,影响深远,任何国家都无法置身事外,独善其身。因此,加强国际合作与构建更加高效、包容的全球治理体系,成为实现人与自然和谐共生、确保地球可持续发展的必由之路。

(一)加强国际交流与合作

在全球环境治理的大背景下,各国需携手并进,积极参与全球环境治理体系的改革与建设。这包括加强与国际环保组织、非政府组织以及各国政府在生态环境保护领域的对话与合作,分享成功经验,协调政策行动,共同应对跨界环境问题。通过建立多边合作机制,促进信息共享、技术交流和能力建设,提高全球环境治理的效率和效果。

(二)推动全球气候治理

气候变化是全球性环境问题中最紧迫的挑战之一。各国应积极响应国际社会的呼吁,深入参与全球气候治理进程,共同推动《巴黎协定》等气候协议的有效实施。这要求各国根据自身国情和发展阶段,制定并执行符合国际承诺的减排目标,同时加强气候适应和减缓能力的建设,提高应对极端天气事件和自然灾害的能力。通过加强国际合作,促进低碳技术转移和资金支持,共同推动全球向绿色低碳转型。

第四章　资源环境可持续发展

　　资源作为经济社会发展的物质基础，其有限性和稀缺性已成为不争的事实。随着全球人口的不断增长和经济的快速发展，对自然资源的需求急剧增加，而部分资源的储备量却逐渐减少，甚至面临枯竭的风险。这种供需矛盾不仅加剧了资源市场的波动，也引发了国际间的竞争与冲突。另外，不合理的资源开发利用方式导致了严重的环境污染和生态破坏。工业废水、废气和固体废弃物的排放严重污染了大气、水体和土壤，破坏了生态系统的服务功能，影响了人类和其他生物的生存环境。生物多样性的减少、湿地退化、土地荒漠化等生态问题日益严重，给人类社会的可持续发展带来了巨大压力。面对这些挑战，不得不积极探索新的可持续发展路径。资源环境可持续发展作为一种全新的发展理念，强调在经济发展过程中要充分考虑资源环境的承载能力，实现经济发展与资源环境保护的协调统一。它要求我们在追求经济增长的同时，注重资源的节约和高效利用，减少污染物的排放和生态环境的破坏，确保自然资源的可持续利用和生态环境的良性循环。

第一节　资源环境与可持续发展基础理论

一、资源环境理论

(一) 资源的定义与分类

资源作为支撑人类社会存在与发展的基石，其内涵极为丰富且广泛。它涵盖了自然界与人类社会中所有具备潜在价值，能够被人类直接或间接开发、利用以满足自身需求与欲望的物质、能量以及信息的总和。这些资源不仅是人类生存和发展的物质基础，也是推动社会进步与文明演进的重要动力。

从分类的角度来看，资源根据其来源和性质的不同，可以分为自然资源与社会资源两大类。

1.自然资源

自然资源，顾名思义，是地球自然形成并赋予人类的宝贵财富。它们大多源自地球的自然循环与演变过程，具有天然性、有限性和不可再生性或再生周期长的特点。具体而言，自然资源包括但不限于以下几类：

(1) 大气资源

大气资源泛指大气圈以及相关方面为人类提供的能源或者生产生活资料。一般而言风能、太阳能、气候的季节变化产生的经济效应等都算大气资源，凡是能使空气质量变坏的物质都是大气污染物。已知的大气污染物有一百多种。有自然因素（如森林火灾、火山爆发等）和人为因素（如工业废气、生活燃煤、汽车尾气、核爆炸等）两种，且以后者为主，尤其是工业生产和交通运输所造成的。

(2) 水资源

水资源是指可利用或有可能被利用的水源，这个水源应具有足够的数量和合适的质量，并满足某一地方在一段时间内具体利用的需求。作为生命之源，水资源的重要性不言而喻。它既是农业灌溉、工业生产不可或缺的要素，也是各类服务业和人类日常生活、生态系统维持平衡的核心关键。

（3）土地资源

土地资源是指已经被人类所利用和可预见的未来能被人类利用的土地。土地资源既包括自然范畴，即土地的自然属性，也包括经济范畴，即土地的社会属性，是人类的生产资料和劳动对象。土地是人类活动的主要场所，承载着农业种植、养殖、厂房分布、城市建设、交通网络等多种功能。土地资源的合理利用与保护直接关系到人类社会的可持续发展。

（4）矿产资源

矿产资源是指经过地质成矿作用而形成的，天然赋存于地壳内部或地表，埋藏于地下或出露于地表，呈固态、液态或气态的，并具有开发利用价值的矿物或有用元素的集合体。矿产资源是经济社会发展的重要物质基础，其开发利用是现代化建设的必然要求。矿产资源包括金属矿产、非金属矿产和能源矿产等，是工业生产和能源供应的重要原料来源。矿产资源的开发利用对经济发展具有重要影响，但其有限性和不可再生性也要求我们在开发过程中注重节约与高效。

（5）生物资源

生物资源指自然界中各种生物的总和，包括动物、植物和微生物等。生物资源不仅为人类提供了食物、药物、纤维等多种生活必需品，还是生态系统的重要组成部分，对维持生态平衡具有不可替代的作用。

2.社会资源

社会资源是人类在社会活动中通过智慧、劳动和创造所积累起来的各种非物质性资源。与自然资源相比，社会资源具有人为性、可再生性和可累积性的特点。社会资源主要包括以下几类：

（1）人力资源

人力资源指人口总体所具有的劳动能力的总和，是社会发展中最活跃、最具创造力的因素。人力资源的数量、质量和结构直接影响到一个国家或地区的经济发展和社会进步。

（2）技术资源

技术资源包括科学技术知识、发明创造以及技术创新能力等。技术资源是推动社会生产力发展的重要力量,它不断推动着人类生产方式的变革和社会结构的调整。

(3)信息资源

信息资源是指人类社会信息活动中积累起来的以信息为核心的各类信息活动要素(信息技术、设备、设施、信息生产者等)的集合。在信息时代背景下,信息资源的重要性日益凸显。它涵盖了数据、知识、情报等各种形式的信息内容,是现代社会决策、管理和创新的重要依据和支撑。

(4)管理资源

管理资源是一种能把潜在生产力转化为现实生产力的无形资源。在人类生产活动中,实际存在着物质、人力、财力和管理四种资源。管理资源具有无形和潜在的特点。它之所以成为一种资源,是因为经济组织在不增加前三种有形资源的情况下,通过加强管理,可以做到合理配置和充分,有效地利用现有人、财、物,从而同样可以增加产量、产值和利润,取得较好的经济效益。它是一种动态资源,当它与劳动资源和物质资源结合起来,形成生产经营活动时,才会发生作用。这是因为,物质资源与人力资源结合起来后,到底能为社会提供多少财富,不仅要看劳动者与生产资料在物质形态上的结合情况,而且要看是否能合理地组织生产力,提高生产力的水平,以及是否能正确处理生产中人们之间的关系。

(二)环境的概念与构成

环境,这一广泛而复杂的概念,涵盖了围绕并影响着人类生存与发展的一切自然因素与社会因素的集合体。它不仅是人类活动的舞台,更是人类赖以生存和发展的基石。环境的构成多元且相互关联,深刻影响着人类的生存状态、健康状况及生活质量。

1.自然环境

作为环境的重要组成部分,自然环境是地球表面各种自然要素相互作用、相互制约而形成的复杂系统。它包括但不限于以下几个方面:

(1)大气环境

大气环境是地球表面覆盖的一层气体混合物,主要由氮气、氧气组成,还包含少量的水蒸气、二氧化碳和其他微量气体。大气环境的质量直接关系到人类的呼吸健康、气候变化以及生态系统的稳定性。

（2）水环境

水环境包括地表水（如河流、湖泊、海洋）和地下水，是生命之源，支撑着人类的生产生活、农业灌溉和生态系统循环。水质的优劣直接影响到人类的饮水安全、渔业资源和生态环境质量。

（3）土壤环境

作为地球表面的一层疏松物质，土壤是植物生长的基础，也是许多生物栖息的场所。土壤环境的健康直接关系到农产品的产量与质量，进而影响人类的食物安全与健康。

（4）生物环境

生物环境是指地球上各种生物群落及其与环境的相互作用关系。生物多样性的丰富程度是衡量环境质量的重要指标之一，它对于维持生态平衡、促进物质循环和能量流动具有不可替代的作用。

2.社会环境

社会环境是人类在长期的社会实践活动中创造和积累起来的各种非物质性环境因素的总和。它涵盖了经济、政治、文化等多个方面。

（1）经济环境

经济环境是指社会经济活动的总和及其所构成的关系网络。经济环境的稳定与否、发展水平的高低直接影响到人们的就业机会、收入水平和生活水平。

（2）政治环境

政治环境是指国家政治制度、政治体制以及政治活动的总和。政治环境的民主程度、法治水平直接影响到社会的稳定与和谐，以及人民的政治参与权和基本权利保障。

（3）文化环境

文化环境包括价值观念、道德规范、风俗习惯、宗教信仰等多个方面。文化环境是人类精神生活的重要组成部分，它塑造着人们的思维方式、行为模式和价值观念，对社会的整体风貌和人们的心理健康产生深远影响。

（三）资源与环境的关系

资源与环境之间存在着一种深刻而微妙的相互依存与相互制约的关系，这种关系构成了人类社会持续发展的基石与挑战。资源的开发利用作为人类经济活动的重要组成部分，不可避免地对环境产生着直接或间接的影响。当这种开发利用超过自然环境的承载能力时，就会引发一系列严重的环境问题。以矿产资源的开采为例，这一活动在推动工业化和经济发展的同时，也可能带来地表塌陷、植被破坏、水土流失、生物多样性丧失等生态灾难。长期的过度开采不仅削弱了地表的稳定性，还可能导致地下水位的下降和水质污染，进一步影响周边居民的生活用水安全和农业灌溉条件。此外，采矿过程中产生的废弃物和污染物如果得不到妥善处理，还会对大气、水体和土壤造成长期而深远的污染，威胁到整个生态系统的平衡与稳定。

反之，环境质量的下降也会严重制约资源的可持续利用。污染严重的大气、水体和土壤不仅会降低资源的品质和可利用性，还会增加资源开采和加工的成本。例如，受污染的水源需要更复杂的净化处理才能用于工业生产或农业灌溉；而土壤污染则可能导致农作物减产甚至绝收，直接威胁到粮食安全。此外，环境质量的恶化还会对人类健康造成威胁，降低劳动力素质和生产效率，从而间接影响到资源的开发和利用。因此，实现资源与环境的协调发展成为可持续发展的重要前提。

二、可持续发展理论

（一）可持续发展的定义

可持续发展是指既满足当代人的需要，又不对后代人满足其需要的能力构成危害的发展。可持续发展强调了经济发展、社会进步与环境保护三者之间的紧密关联与相互依存。

在经济发展的维度上，它倡导的是一种绿色、低碳、循环的发展方式，旨在通过技术创新和产业升级，提高资源利用效率，减少污染物排放，实现经济效益与生态效益的双赢。这种发展方式不仅有利于当前经济的稳定增长，更为未来经济的可持续发展奠定了坚实基础。

在社会进步的层面，可持续发展关注人类社会的全面发展和公平正义。它致力于消除贫困、改善民生、促进教育、医疗等社会事业的均衡发展，让发展的成果惠及更广泛的人群。同时，它也强调尊重不同文化、民族和地区的多样性，推动全球范围内的和谐共处与共同发展。

环境保护作为可持续发展的关键一环，更是被赋予了前所未有的重要性。面对全球性的环境危机，如气候变化、生物多样性丧失、水资源短缺等，可持续发展理念要求必须采取更加积极有效的措施，保护自然生态系统，维护地球的生命力和恢复力。这包括加大环境监管和执法力度，推动绿色消费和低碳生活方式的普及，以及加强国际合作，共同应对全球性环境挑战。

（二）可持续发展的基本原则

可持续发展的原则作为指导实践活动的重要准则，不仅体现了对当前及未来世代的深切关怀，也彰显了人类对自然、社会及经济系统和谐共生的深刻理解。这些原则共同构成了推动全球向更加绿色、包容和可持续方向发展的强大动力。

1. 公平原则

这一原则强调在资源分配和环境利益享受上的公正性，要求不同地区、不同社会群体以及不同代际之间能够平等地获得资源和享受环境带来的福祉。它意味着要打破资源垄断和环境剥削的现象，确保每个人都能享有清洁的空气、安全的饮水、肥沃的土地等基本生存条件。同时，这一原则也鼓励在环境保护和资源管理方面采取更加公平合理的政策，如通过国际合作实现资源的均衡分配和环境的共同保护。

2. 持续原则

持续原则关注的是资源的可持续利用和生态系统的长期稳定性。它要求在开发利用自然资源时，必须充分考虑资源的再生能力和生态系统的承载能力，避免过度开发和破坏导致的资源枯竭和生态崩溃。这一原则鼓励采用清洁、高效、循环的生产方式，减少资源消耗和污染排放，确保资源的长期可用性和生态系统的持续健康。

3.共同原则

面对全球性的环境问题和资源挑战，没有哪个国家或地区能够独善其身。共同原则强调全球合作的重要性，呼吁各国政府、国际组织、非政府组织以及企业和个人等各方力量携手合作，共同应对气候变化、生物多样性丧失、水资源短缺等全球性环境问题。通过加强信息共享、技术交流、资金援助等合作方式，可以更有效地解决环境问题，推动全球可持续发展。

4.预防原则

鉴于环境问题的复杂性和不确定性，预防原则主张在决策和行动中采取谨慎和预防措施，避免对环境造成不可逆转的损害。这一原则要求我们在进行可能对环境产生影响的决策时，要充分考虑其潜在的风险和后果，并采取相应的预防和减轻措施。通过预防原则的实施，我们可以降低环境风险，保护生态环境和人类健康。

5.参与原则

可持续发展是全社会共同的事业，需要所有利益相关者的积极参与和贡献。参与原则鼓励政府、企业、社会组织以及公众等各方力量共同参与决策过程，确保决策的透明性和民主性。通过广泛征求意见、公开讨论和协商等方式，我们可以更好地汇聚各方智慧和力量，形成更加科学、合理和可行的可持续发展方案。同时，参与原则也有助于增强公众对可持续发展事业的认同感和责任感，推动全社会形成共同推动可持续发展的良好氛围。

（三）可持续发展的目标

可持续发展的目标作为引领全球社会向更加繁荣、公正和可持续方向迈进的灯塔，为具体行动和政策制定提供了清晰而深远的指引。这些目标不仅关乎当前世代的福祉，更着眼于未来世代的生存和发展，体现了人类对自然、社会与经济系统和谐共生的不懈追求。

1.经济增长

作为可持续发展的基础之一,经济增长的目标在于实现经济的持续、稳定增长,从而为提高人民生活水平提供坚实的物质基础。这要求我们在追求经济增长的同时,注重经济增长的质量和效益,推动经济结构的优化升级,促进创新驱动发展战略的实施。通过发展绿色经济、循环经济等新型经济形态,可以在实现经济增长的同时,减少对自然资源的依赖和环境的压力,实现经济发展与环境保护的双赢。

2.社会进步

社会进步是可持续发展的重要目标之一,它涵盖了社会公正、教育普及、健康保障和文化多样性等多个方面。社会公正意味着消除贫困、缩小贫富差距,确保每个人都能平等地享有社会资源和机会。教育普及是提高国民素质和促进社会进步的重要途径,它有助于培养具有创新精神和实践能力的人才,为经济社会发展提供源源不断的动力。健康保障是人民生活质量的重要保障,它要求我们加强医疗卫生体系建设,提高公共卫生服务水平,确保人民身体健康。文化多样性是人类社会发展的重要特征,它丰富了人类的精神世界,促进了不同文化之间的交流与融合。

3.环境保护

环境保护是可持续发展的关键所在,它要求我们保护和恢复自然环境,维护生物多样性,防止环境污染和生态破坏。这需要我们采取一系列措施,如加大环境监管和执法力度,推动绿色生产和消费方式的普及,加强生态保护和修复工作等。通过这些措施的实施,可以有效地保护生态环境,维护地球的生命力和恢复力,为人类的生存和发展提供良好的自然环境。

4.资源管理

资源管理是实现可持续发展的必要条件之一,它要求合理利用和保护自然资源,提高资源效率,实现资源的可持续利用。这需要我们加强资源调查和规划工作,制定科学合理的资源开发利用政策,推广节约资源和保护环境的生产技术和生活方式。同时,还需要加强国际合作,共同应对全球性的资源挑战和环境问题,推动全球资源管理的合作与协调。通过这些努力,可以实现资源的可持续利用和环境的可持续发展,为人类的未来奠定坚实的基础。

（四）可持续发展的实践路径

实现可持续发展需要采取一系列具体的实践路径，概括来说，主要包括以下几方面：

1.绿色经济

绿色经济不仅局限于发展低碳、环保的产业，更是一个系统性转变，旨在通过技术创新和绿色投资，促进经济结构与生产方式的根本性变革。这包括鼓励绿色制造、绿色建筑、绿色交通等领域的发展，减少资源消耗和污染物排放，同时创造新的绿色就业机会，实现经济增长与环境保护的双赢。政府和企业需携手合作，制定绿色标准，推广绿色产品和服务，引导消费者形成绿色消费习惯。

2.循环经济

循环经济强调"减量化、再利用、资源化"的原则（3R原则），通过设计耐用、易回收的产品，以及建立高效的回收体系和再制造系统，实现资源的最大化利用和废弃物的最小化排放。这要求在生产、流通、消费等各个环节中，实施循环管理策略，促进资源在产业链内的闭路循环。同时，加强循环经济的科技创新，研发更高效的资源回收技术和再利用技术，提升资源利用效率。

3.生态农业

生态农业以保护和改善农业生态环境为基础，采用生物防治、有机耕作等可持续农业生产方式，减少化肥、农药的使用，维护农田生态系统的平衡与稳定。此外，生态农业还注重农业生物多样性的保护，通过轮作、间作、休耕等耕作制度，提高土壤肥力，增强农田的生态系统服务功能。同时，推动农产品绿色化、品牌化，满足消费者对健康、安全食品的需求。

4.清洁能源

清洁能源的开发和利用是实现低碳转型、减少温室气体排放的关键。这包括大力发展太阳能、风能、水能、生物质能等可再生能源，以及提高核能等清洁能源的安全性和经济性。通过技术创新和产业升级，降低清洁能源的生产成本，提高其市场竞争力。同时，加强清洁能源基础设施建设，如智能电网、储能系统等，确保清洁能源的稳定供应和高效利用。

5.环境教育

环境教育是提高公众环保意识、培养环保行为的重要途径。通过学校教育、社会宣传、媒体传播等多种方式，普及环保知识，增强公众对环境问题的认识和责任感。同时，鼓励公众参与环保活动，如环保宣传、垃圾分类、节能减排、植树造林等，形成全社会共同参与环境保护的良好氛围。此外，加强环境教育的国际交流与合作，借鉴国际先进经验，推动环境教育事业的不断发展。

6.科技创新

科技创新是实现可持续发展的核心驱动力。通过加强环境科技研发，突破节能减排、污染治理、生态修复等领域的关键技术瓶颈，为可持续发展提供强有力的科技支撑。同时，推动科技创新与产业升级深度融合，培育壮大节能环保、清洁能源等绿色产业，形成绿色发展的新动能。此外，加强科技创新的体制机制建设，完善科技创新政策体系，激发创新活力，推动科技成果转化为现实生产力。

7.政策支持

政策支持是实现可持续发展的重要保障。政府需制定和实施一系列有利于可持续发展的政策，包括环境法规、经济激励和市场机制等。环境法规方面，应完善环保法律法规体系，加大环境执法力度，严惩环境违法行为。经济激励方面，通过税收优惠、财政补贴、绿色金融等手段，引导企业和社会资本投向绿色产业和环保项目。市场机制方面，建立健全碳排放权交易、绿色产品认证等制度，发挥市场在资源配置中的决定性作用，推动可持续发展目标的实现。

三、资源环境与可持续发展的关系

资源环境不仅是支撑经济社会发展的物质基础，更是维持生态平衡、保障人类生存与健康的环境条件。它涵盖了水资源、土地资源、矿产资源、生物资源以及大气、水体、土壤、森林等自然要素，这些要素之间相互依存、

第四章 资源环境可持续发展

相互影响，共同构成了一个复杂而脆弱的生态系统。

可持续发展是一种旨在满足当代人需求的同时，不损害后代人满足其需求能力的发展模式。它强调经济发展、社会进步与环境保护的和谐统一，是对传统发展观念中"高消耗、高污染、低效益"模式的根本性变革。可持续发展要求我们在追求经济增长的同时，充分考虑资源环境的承载能力，通过技术创新、制度变革和公众参与等手段，实现资源的高效利用、循环使用和环境的持续改善。

资源环境与可持续发展之间存在着密切而复杂的联系。一方面，资源环境为可持续发展提供了必要的物质基础和环境容量，其状况的好坏直接影响到经济社会发展的质量和可持续性。例如，丰富的自然资源是经济增长的重要驱动力，而清洁的环境则是人类健康和福祉的重要保障。另一方面，可持续发展的理念和实践又反过来促进了资源环境的保护和改善。通过实施绿色发展战略，推广节能减排技术，加强环境监管和治理，可以有效缓解资源环境压力，促进人与自然和谐共生。

因此，在推动经济社会发展的过程中，必须将资源环境的保护和合理利用置于至关重要的地位。这要求我们在制定发展政策、规划产业布局、推进项目建设时，应充分考虑资源环境的承载能力，避免走"先污染后治理""边污染边治理"的老路。同时，要加强科技创新和人才培养，推动绿色技术的研发和应用，提高资源利用效率，减少污染物排放。此外，还需要加强环境教育和公众参与，提高全社会的环保意识和行动能力，形成政府主导、企业主体、公众参与的环境保护格局。

总之，资源环境与可持续发展是相互依存、相互促进的。只有在保护好资源环境的基础上，才能实现真正的可持续发展；而可持续发展的实践又将进一步推动资源环境的保护和改善。因此，必须高度重视资源环境的保护和合理利用，努力实现经济发展、社会进步和环境保护的协调统一，为子孙后代留下一个更加美丽、宜居的地球家园。

第二节 资源环境可持续发展的必要性

在当今全球化的时代背景下,人类社会正以前所未有的速度发展,但这种快速发展往往伴随着对资源环境的巨大压力。资源环境的可持续发展不仅是对自然生态的尊重与保护,更是人类社会自身存续与繁荣的基石。本节将深入探讨资源环境可持续发展的必要性,从多个维度阐述其不可或缺的重要性。

一、保障生态安全,维护地球生命系统

生态安全不仅是国家安全的重要组成部分,更是人类社会实现长远可持续发展的基石。生态安全所涵盖的范畴超越了传统的军事、政治、经济安全,它关乎到地球生态系统的健康与稳定,直接影响着人类社会的生存与发展。地球生命系统,这一由无数生物种群、错综复杂的生态系统和多样的自然环境要素交织而成的庞大网络,展现出了惊人的复杂性和精密性。在这个系统中,每一个组成部分都扮演着不可或缺的角色,它们之间通过物质循环、能量流动和信息传递等过程相互依存、相互制约,共同维系着地球的生态平衡。这种平衡状态是地球生命系统长期演化的结果,也是人类社会赖以生存和发展的基础。资源环境的可持续发展,正是在这一背景下提出的重大战略理念。它要求我们在开发利用自然资源的过程中,必须树立尊重自然、顺应自然、保护自然的生态文明理念,充分考虑到生态系统的稳定性和完整性。这意味着我们需要采取科学合理的开发利用方式,避免对自然资源的过度索取和浪费;同时,还需要加强环境保护和污染治理工作,减少有害物质排放,防止环境污染和生态破坏。

通过实施资源环境的可持续发展战略,我们可以有效地保障生态安全,进而维护地球生命系统的正常运行。这不仅有助于防止生态系统退化、生物

多样性丧失等环境问题的发生，还能够为人类社会提供稳定可靠的资源供应和良好的环境条件。在此基础上，人类社会将能够更加健康、稳定、可持续地发展下去，实现人与自然的和谐共生。因此，必须深刻认识到生态安全对于国家安全和社会发展的重要意义，将资源环境的可持续发展作为国家战略的重要组成部分加以推进。

二、促进经济稳定增长，提升发展质量

资源是支撑社会经济活动不可或缺的物质基础。无论是农业、工业还是服务业，都需要各类资源的支撑才能得以运转和发展。从矿产资源到水资源，从土地资源到生物资源，每一种资源都在其特定的领域内发挥着不可替代的作用，为经济活动的顺利进行提供了必要的物质保障。环境是经济发展的必要条件。良好的环境条件是经济活动得以持续进行的重要保障。清新的空气、清洁的水源、肥沃的土地等自然环境要素，不仅直接关乎人类的生产生活，还影响着经济的整体运行效率和质量。一个污染严重、生态失衡的环境，不仅会损害人类健康，还会制约经济的进一步发展。

资源环境的可持续发展，正是基于这样的认识而提出的战略理念。它强调在经济发展过程中必须充分考虑资源和环境的承载能力，确保经济发展与资源环境相协调、相促进。通过实施可持续发展的战略，可以为经济发展提供稳定的资源供应和良好的环境条件，从而避免因资源枯竭和环境污染而导致的经济衰退和社会动荡。同时，可持续发展的理念还对传统经济发展方式提出了挑战和变革的要求。传统的粗放型经济发展方式往往以高投入、高消耗、高排放为代价来换取短期的经济增长，这种方式不仅浪费了大量的资源，还造成了严重的环境污染和生态破坏。而可持续发展的理念则要求我们从根本上改变这种发展方式，推动经济发展向集约型转变。通过技术创新和结构调整，可以提高资源利用效率，降低环境成本，实现经济稳定增长和发展质量的提升。这种转变不仅有利于缓解资源环境压力，还有助于提升经济的竞争力和可持续发展能力。因此，资源环境的可持续发展不仅是保障经济

持续健康发展的必然选择，也是推动经济转型升级、实现高质量发展的内在要求。

三、保障人民健康，提高生活质量

在人类生存与发展的广阔画卷中，良好的环境始终扮演着至关重要的角色，它是人类健康不可或缺的坚实屏障。空气、水、土壤等环境要素是自然界赋予我们的宝贵财富，其质量直接关联着每一个生命体的健康状态与生活质量。当这些要素受到污染侵袭时，不仅生态系统的平衡会遭到破坏，更会直接危害到人类的身体健康，降低我们的生活质量，甚至威胁到生命安全。

空气质量的恶化，如沙尘暴、雾霾、有害气体的排放等，会导致呼吸系统疾病频发，影响人体的呼吸系统、心血管系统等多个器官的正常功能。水资源的污染则可能引发水源性疾病，破坏人体内部环境的稳定，影响生长发育和生命活动。土壤污染通过食物链的传递，间接危害人体健康，增加癌症等恶性疾病的风险。因此，资源环境的可持续发展不仅仅是一个经济问题或环境问题，更是一个关乎人类健康与福祉的重大议题。它要求我们在追求经济增长的同时，必须高度重视环境保护和污染治理工作，采取有效措施减少有害物质排放，严格控制污染源头，加大环境监管和执法力度，以科学的方法和手段改善环境质量，确保人类能够呼吸到清新的空气、饮用到干净的水、生活在安全的土壤之上。

优美的自然环境和生态景观也是提升人民生活质量不可或缺的重要因素。它们不仅能够缓解城市生活的压力与疲惫，让人们在大自然的怀抱中找到心灵的慰藉；还能够激发人们的审美情趣和创造力，促进文化与艺术的繁荣与发展。因此，在推动资源环境可持续发展的过程中还应注重保护自然景观和生态环境，合理利用自然资源，促进人与自然和谐共生，让美丽的地球家园成为人类永恒的精神家园。

四、应对全球环境挑战，共筑人类命运共同体

在当今世界，环境问题已超越了国界与地域的限制，展现出其无可争议的全球性和跨国界特点。这一特性意味着，国家无论大小、发展水平如何，都无法置身于环境问题的洪流之外。独善其身已成为不可能的选择。气候变化、生物多样性丧失、水资源短缺等全球性环境挑战，如同悬在人类头顶的达摩克利斯之剑，时刻警醒着我们共同面临的危机与困境。

气候变化作为最为紧迫的全球环境问题之一，其影响深远且广泛。极端天气事件的频发、冰川融化、海平面上升等现象，不仅威胁着自然生态系统的稳定，也对人类社会的经济、政治、文化等多个领域造成了严重影响。面对这一挑战，任何单一国家的努力都显得微不足道，唯有通过国际合作，共同制定并执行减排目标，推动绿色低碳发展，才能有效应对气候变化的威胁。

生物多样性丧失是另一个不容忽视的全球环境问题。生物多样性的丰富程度直接关系到地球的生态平衡和人类的福祉。然而，随着人类活动的不断扩张，生物栖息地遭受破坏，物种灭绝的速度不断加快。这不仅削弱了自然界的自我调节能力，也威胁到了人类自身的生存和发展。因此，加强国际合作，共同保护生物多样性，维护地球生态平衡，已成为全球共识。

水资源短缺作为另一个全球性环境挑战，同样需要各国携手合作。水资源是生命之源，是人类社会经济发展的基础。然而，由于人口增长、工业化和城市化进程的加速，水资源供需矛盾日益突出。跨国界的水资源管理、水资源的合理分配与保护等问题，已成为各国共同关注的焦点。通过国际合作，加强水资源管理和保护，提高水资源利用效率，对于缓解水资源短缺、保障人类社会的可持续发展具有重要意义。

资源环境的可持续发展，不仅是本国发展的需要，更是履行国际责任、参与全球环境治理的必然要求。各国应秉持人类命运共同体的理念，加强国际合作与交流，共同推进资源环境保护和可持续发展。通过分享经验、交流技术、协同应对挑战，可以构建更加紧密的国际合作网络，推动全球环境治理体系的不断完善和发展。只有这样，才能共同应对环境问题的挑战，实现全球共同繁荣与发展的美好愿景。

第三节　自然资源的可持续利用

自然资源是地球赋予人类的宝贵财富，是人类生存与发展的基础。随着全球人口的不断增长和社会经济的快速发展，自然资源的消耗速度日益加快，资源短缺、环境污染和生态破坏等问题日益严峻。因此，实现自然资源的可持续利用，对于保障人类社会的可持续发展具有至关重要的意义。

一、自然资源可持续利用的内涵

自然资源的可持续利用是指在确保自然资源存量不减少、生态环境不受破坏的前提下，满足当代人类及未来世代对自然资源的需求。这要求我们在资源的开发利用过程中，既要考虑经济效益，又要兼顾社会效益和生态效益，实现经济发展与资源环境保护的协调统一。

二、自然资源可持续利用面临的挑战

（一）资源短缺与需求增长的严峻挑战

在全球人口持续增长和经济快速发展的双重驱动下，人类社会对自然资源的需求呈现出前所未有的增长态势。从水资源、矿产资源到能源供应，各类关键资源的消耗量急剧攀升。然而，自然界的资源并非取之不尽、用之不竭，尤其是部分关键资源的储备量相对有限，如石油、天然气等化石燃料，以及部分稀有金属和矿产资源。随着开采量的不断增加，这些资源正面临着日益严峻的枯竭风险，给人类社会的可持续发展带来了巨大压力。

（二）环境污染与生态破坏的连锁反应

不合理的资源开发利用方式，如过度开采、低效利用以及缺乏环保措施的生产活动，不仅加速了资源的枯竭，还导致了严重的环境污染和生态破坏。工业废水、废气和固体废弃物的排放严重污染了空气、水体和土壤，影响了人类和其他生物的生存环境。同时，生态系统的服务功能受到严重损害，如生物多样性减少、湿地退化、土地荒漠化等，这些变化进一步削弱了自然资源的再生能力和环境承载力，形成了恶性循环。

（三）技术与管理滞后的瓶颈制约

面对资源短缺、环境污染和生态破坏的严峻挑战，现有技术在资源高效利用、循环利用和污染治理方面尚存在明显不足。虽然近年来科技创新在推动绿色发展方面取得了积极进展，但总体上仍难以满足日益增长的资源需求和环境保护要求。此外，管理机制的不完善也是制约可持续发展的重要因素之一。缺乏有效的政策引导、监管机制和激励机制，导致资源利用效率低下、环境违法行为频发，难以形成全社会共同参与、协同推进的良好局面。因此，加强技术创新和管理体制改革，推动形成绿色低碳循环发展的经济体系，已成为破解当前资源环境瓶颈制约的关键所在。

三、自然资源可持续利用的对策

（一）加强资源勘查与保护

在资源日益紧张的背景下，加强资源勘查与保护成为确保国家经济安全和可持续发展的关键举措。

第一，需加大资源勘查力度，利用现代科技手段，如遥感技术、地质勘探和大数据分析等，深入探索未知区域，发现新的资源储量，特别是针对那些具有战略意义的矿产资源和清洁能源资源。这不仅有助于缓解当前资源短缺的压力，也为未来经济社会发展提供坚实的物质基础。

第二，加强资源保护。必须建立健全资源保护体系，制定并执行严格的开采标准和环境保护法规，防止过度开采和破坏性行为。通过实施资源有偿使用制度、生态补偿机制和资源开采准入制度等，确保资源开发利用活动在环境可承受的范围内进行。此外，加强资源保护意识教育，提高公众对资源稀缺性和环境保护重要性的认识，形成全社会共同参与资源保护的良好氛围。

（二）推广绿色低碳技术

绿色低碳技术的研发与应用是实现资源节约和环境保护的重要途径。应加大节能减排技术的研发投入，推广高效节能设备和技术，降低工业生产和日常生活中的能耗水平。同时，发展循环经济，推动产业链上下游企业之间的物质循环和能量梯级利用，减少废弃物排放和资源浪费。清洁生产技术的推广也是关键一环，通过改进生产工艺、优化产品设计等手段，从源头上减少污染物的产生和排放。

（三）完善法律法规与政策体系

建立健全自然资源保护和管理的法律法规体系是保障资源节约和环境保护工作顺利进行的基础。应制定和完善相关法律法规，明确资源产权和责任主体，规范资源开发利用行为。同时，建立严格的执法监督机制，加大对违法行为的查处力度，确保法律法规得到有效执行。

在政策层面，应制定和实施一系列有利于资源节约和环境保护的政策措施。如通过税收优惠、财政补贴等手段激励企业采用绿色低碳技术；通过价格机制调节资源供需关系，促进资源节约和高效利用；通过完善生态补偿机制等政策措施保护生态环境和生物多样性。

（四）加强国际合作与交流

面对全球性资源环境问题，任何国家都无法独善其身。因此，加强国际合作与交流成为推动全球自然资源可持续利用的重要途径。各国应共同制定国际规则和标准，加强信息共享和技术交流，共同应对气候变化、生物多样性保护等全球性挑战。同时，通过多边合作机制推动全球环境治理体系的改革和完善，确保各国在资源开发利用和环境保护方面的权利和责任得到平等对待。此外，还应加强南南合作和南北合作，推动发展中国家在资源节约和环境保护方面的能力建设和技术转移。

第五章 生态文化建设

在人类文明的长河中,文化作为社会进步的灵魂与纽带,始终引领着时代发展。随着全球环境问题日益严峻,生态文明作为一种全新的文明形态,正逐渐成为人类社会发展的必然选择。在这一背景下,生态文化建设作为生态文明建设的重要内容,其重要性愈发凸显。

第一节 生态文化的内涵、意义

一、生态文化的内涵

(一)生态文化的基本内涵

生态文化的定义是根植于对传统文化深入反思与总结之上的创新概念。从广义层面解读,它倡导人类与自然界的和谐共生与协同发展,追求一种根本性的、内在的与自然界的平衡与和谐。这意味着在尊重自然规律、保护生

第五章　生态文化建设

态环境的前提下，推动社会经济的可持续发展，实现人类与自然环境的双赢。而从狭义层面出发，生态文化则是以马克思主义价值观为引领，指导社会意识形态的塑造、促进人类精神文明的进步以及推动社会制度的不断完善。在这一框架下，生态文化不仅关注人与自然的关系，还强调通过正确的价值观导向，使人类社会的发展更加符合生态伦理，实现社会正义与生态保护的有机结合。

回顾以工业化为主导的历史时期，人类中心主义的文化观念曾一度占据主导地位，这种观念将人类置于自然之上，忽视了自然界的内在价值和生态平衡的重要性，进而影响了人类精神世界的构建以及社会制度的演进方向。相比之下，生态文化则是对这一传统观念的深刻反思与超越。它强调自然的主体地位与主动性，倡导将自然从被征服、被利用的对象转变为与人类共生的伙伴。这种转变不仅要求我们在实践中采取更加环保、可持续的生产生活方式，更需要在思想观念上实现根本性的革新，即认识到自然界与人类社会的相互依存关系，以及维护生态平衡对于人类社会长期发展的重要性。

文化的诞生是伴随着人类社会的形成而自然演进的，它是人类智慧与创造力的结晶。人类创造文化的初衷，远不止于简单地记录过往的历史，更深层次的目的在于构建一个更加完善、有利于人类历史持续进步的社会秩序。这深刻揭示了文化与社会之间密不可分的联系，即文化是社会发展的精神支柱与指导力量。然而，当我们将目光投向文化与自然的关系时，理想的状态应是人类对自然保持敬畏之心，认识到自然界不仅是人类生存的基础，更是文化繁荣的源泉。自然以其独有的方式支持着人类文化的多样性和发展，两者应和谐共生，相互依存。

遗憾的是，长期以来，人类往往将自己置于自然界的中心位置，以一种居高临下的姿态审视万物，这种扭曲的世界观导致了人与自然关系的严重失衡。在这种观念下，人的价值被过分夸大，而自然则被贬低为无生命的、仅供人类利用的资源或工具。自然本身的价值被忽视，其作为生命共同体的角色被淡化，仅仅被视为实现人类目的的手段。在这种扭曲的价值观念指引下，传统文化不幸地沾染上了浓厚的"反自然"色彩，人类文化也因此逐渐偏离了与自然和谐共生的正确轨道。此种文化氛围下，人们普遍将无度地从自然界索取资源视为天经地义，同时视大自然为无限制的废弃物收容所，认为自然承受人类排放的垃圾是理所当然之事，全然不顾自然界的承载极限与生态平衡。这种短视行为正是生态危机频发、日益严峻的根源所在，它暴露了人类文化中消极、落后的一面。

进入19世纪，随着工业文明的兴起，人类社会经历了前所未有的变革。到了20世纪，科学技术的飞速发展更是将人类带入了一个全新的时代。然而，工业文明的辉煌背后，也隐藏着环境污染、资源枯竭等一系列严峻问题。随着人类从工业文明向现代文明迈进的步伐加快，现代文化应运而生，它开始深刻反思并正视工业文明带来的负面效应。

现代文化不再回避矛盾与冲突，而是勇于直面社会问题，积极寻求解决之道。它关注环境保护、可持续发展等议题，致力于构建一个人与自然和谐共存的社会模式。这种转变不仅是人类发展的必然产物，也是文明进步的必然要求。在现代文化的引领下，人类开始重新审视自己与自然的关系，努力探索一条既满足当前需求又不损害后代利益的发展道路。

（二）生态文化的主要内容

生态文化与传统文化并列，同为社会文化形态的重要组成部分。相较于传统文化，生态文化代表了一种崭新的文化取向。传统文化中所蕴含的思想，往往未能充分重视自然界的维度，甚至在某种程度上呈现出与自然相悖的"反自然"特性。与此相反，生态文化倡导一种与自然和谐共生的理念，摒弃了人类对自然的主宰心态，突破了人类中心主义的局限，确立了生命与自然界本身所具有的价值。它致力于构建一种"尊重自然"的文化体系，秉承"人与自然和谐共生"的核心价值观，为精神文化领域中的每一种现象赋予生态建设的深远意义。因此，生态文化的内容极为丰富，涵盖了生态伦理、生态哲学等诸多方面。这些领域相互联系、相互促进，共同构成了生态文化建设的完整体系。

1.生态伦理文化

传统伦理学，其根基深植于人类社会内部的关系网络之中，主要聚焦于探讨人与人之间基于善恶、公正标准的相互关系，通过构建道德准则与规范来引导与协调人类行为。然而，直至20世纪中叶，随着人与自然关系的急剧

第五章 生态文化建设

恶化，生态危机悄然逼近，对人类的存续构成了严峻挑战。在此背景下，生态伦理文化应运而生，它将伦理的视野拓宽至人与自然界的互动领域，致力于研究人类对生物多样性和自然环境的道德态度及行为规范。

生态伦理文化不仅承袭了传统伦理学对社会关系和谐的追求，更在此基础上，创新性地将人与自然的关系纳入伦理考量范畴，力求实现人与自然的和谐共生。这一文化形态作为人类步入生态文明新时代的伦理指南，展现了人类对自身行为深刻反思后的新选择。

在我国，要充分发挥生态伦理文化在推动社会主义和谐社会及生态文明构建中的积极作用，关键在于全社会树立起正确的生态伦理观念，将保护生态环境的责任内化于心、外化于行。这意味着，我们需主动调和人与人之间的利益冲突，以更加包容和可持续的视角审视发展，构建符合中国国情、具有鲜明中国特色的社会主义生态伦理文化体系。这是一项既复杂又长期的系统工程，需要政府、社会各界及每一位公民的共同努力与持续探索。

2.生态哲学文化

现代哲学，以笛卡尔-牛顿哲学体系为代表，作为人类认知史上的璀璨成就，长期在全球哲学思想领域占据核心地位，对推动人类社会的工业化和现代化进程发挥了不可估量的作用。然而，其固有的主客二分理论框架，即过分强调人与自然的分离与对立，以及过度依赖分析性思维方式，已逐渐显露出深刻的局限性，难以全面应对当代复杂多变的生态挑战。

在此背景下，生态哲学文化作为一种新兴的哲学思潮应运而生，它深刻反思人与自然的关系，将其视为哲学探索的基石，从而构建了一种全新的世界观。这一文化形态根植于对环境问题紧迫性的深刻认识，直接关联到人类存续与发展的根本议题。生态哲学文化的兴起，正是源于人们对环境问题的深切关怀、深入思考与积极应对。

生态哲学文化并非孤立存在，而是跨越时空、融汇古今的哲学智慧的结晶。它广泛吸纳了古代生态哲学思想的精髓，如中国古代"天人合一"的哲学理念；同时，也汲取了马克思主义生态哲学思想的营养，强调人与自然之间的辩证统一；此外，还积极吸纳了20世纪中叶以来环境运动所催生的现代生态哲学思想，不断丰富和完善自身理论体系。

作为新时代背景下的新文化形态，生态哲学文化不仅是人类探索生态文明、创造新文明的智慧结晶，也是推动社会进步、实现可持续发展的科学指南。它作为科学发展观的重要组成部分，为构建生态文明、建设社会主义和谐社会、促进人与自然和谐共生提供了坚实的理论支撑和思想基础。随着时代的发展，生态哲学文化正逐步成为引领人类走向更加绿色、可持续未来的重要力量。

二、生态文化在生态文明建设中的意义

（一）生态文化建设是可持续发展的必然选择

随着科学发展观的确立与实践深化，可持续发展的理念逐渐深入人心，成为全球共识。这一理念并非中国独有，它在世界各地早已广泛传播，并随着全球环境问题的日益严峻，愈发成为国际社会共同关注的发展主题，代表着人类思想进步的主流方向。

生态文化在此背景下蓬勃发展，它积极倡导在合理开发利用资源、推动经济发展的同时，将生态环境置于更加重要的位置。生态文化致力于培养公众的环保意识，使大家普遍认识到，无论是个人财富的积累还是国家经济的增长，都离不开一个健康、稳定的生态环境作为坚实支撑。

可持续发展思想作为生态文化思想体系中的一个重要分支，其核心在于实现人与自然之间的和谐共生。只有当我们真正遵循生态文明的理念，促进人与自然的相互尊重、和谐共处，才能够确保发展的可持续性，避免短期利益对长期环境的破坏。

（二）生态文化建设是推进社会主义先进文化建设的需要

随着经济的飞速增长，生态危机与能源短缺等问题日益凸显，成为制约可持续发展的重大挑战。面对这一现实，中国社会正深刻反思：是否应重蹈发达国家工业文明时期的覆辙，以环境为代价换取经济的一时繁荣？如何在

确保经济增长的同时,实现"质"与"量"的双重飞跃,成为摆在当代中国人面前亟待解决的重要课题。

生态文化的兴起,以其独特的生态价值观,精准对接了我国当前的国情需求。这一文化理念倡导人与自然和谐共生的新发展模式,旨在实现社会效益、经济效益与生态效益的同步提升与协调统一。它强调,在追求经济繁荣与社会进步的同时,必须兼顾生态环境的保护与恢复,确保自然资源的可持续利用。

科学发展观作为指导国家发展的核心理念,为生态文化的实践提供了科学指南。它深刻反映了我国当前生产力发展的内在要求,同时也契合了社会主义先进文化的前进方向。科学发展观鼓励我们创新发展思路,转变发展方式,走出一条资源节约型、环境友好型的绿色发展道路,为实现经济社会的全面、协调、可持续发展奠定坚实基础。

(三)生态文化建设促进生态文明的提升和发展

生态文明作为一种独特的文明形态,其建设基于深厚的生态文化底蕴,体现了人类对生态系统积极负责的态度,彰显了人类对自身过往行为的深刻反思以及对严峻环境问题的正视与积极应对。生态文明的成就涵盖了精神与物质两个层面的成果。提升生态文明水平,必须依托于生态文化的坚实支撑,而生态文化的繁荣发展,又需依靠广大人民群众的共同努力。因此,必须广泛动员群众,普及生态文明理念,使之深入人心,从而为生态文明的持续发展提供坚实的群众基础和有力的保障。

1.生态文明是生态文化意识在社会各个领域的延伸和发展

生态文明是人类在实践活动中,通过协调与自然生态环境及社会生态环境的关系,所累积形成的生态智慧与成果的集合体。它旨在确保生态系统的健康运行,以此支撑人类社会实现持续、全面、和谐的发展,进而促进人类自身的完善与进步。生态文明与生态文化在价值观基础和目标追求上高度契合,均强调人与自然的和谐共生。

从涵盖范围来看,生态文明与广义的生态文化在概念上大致相当,其影响力跨越了政治、经济、文化、生活等多个维度。生态文明不仅蕴含了人类

生态文明建设的理论与实践路径研究

在生态议题上的积极、进步思想与观念，还体现在这些生态意识在社会各个领域的深入渗透与具体实践之中，如政策制定、经济发展模式、文化创作及日常生活方式等。

因此，生态文明的内涵远不止于单纯的生态环境问题，它更是一个综合性的概念，涵盖了与生态文明紧密相关的社会、政治、经济等多个方面。这些问题与生态文明相互交织，共同构成了生态文明体系的重要组成部分，体现了人类社会在追求可持续发展的道路上，对自然、社会、经济等多方面因素的综合考量与平衡。

生态文明，作为一种前沿的文明形态，其核心在于促进自然生态环境与社会生态环境的和谐共生与协同发展，旨在实现长远的可持续发展目标。在全球生态系统面临严峻挑战的今天，积极倡导并践行生态文明显得尤为重要，其价值愈发凸显。

当前，世界各国普遍认识到生态问题的紧迫性，纷纷强化生态意识与环境保护观念，致力于通过主动调整人类活动与自然环境的互动方式，有效遏制生态危机的蔓延趋势。这种全球性的生态觉醒，体现了人类对于地球未来命运的共同关切与责任担当。

在我国，生态文明的理念已深入人心，并逐步融入到社会发展的各个领域之中。从政治决策到经济发展，从文化传承到日常生活，生态文明意识正以前所未有的广度和深度，影响着社会的每一个角落，推动着我国生态文明建设不断迈上新台阶。这一过程不仅提升了我国社会的整体生态文明水平，也为全球生态文明建设贡献了中国智慧与中国方案。

2.生态文化建设要着力树立全民生态文明意识

在党的十六届三中全会上，"以人为本"的理念被明确提出并广泛推广，随后，可持续发展的观念逐渐渗透人心，成为时代共识。至十七届四中全会，生态文明建设被提升至前所未有的战略高度，彰显了党对生态环境保护的坚定决心和深远考量。在此背景下，妥善解决生态问题与加强生态保护，不仅是贯彻实践新发展观的必然要求，也是全民必须共同承担的责任。为此，树立全民生态文明意识，成为破解这一问题的基石与关键。

生态环境作为衡量社会文明程度的重要指标，直接关联着国家和民族的国际形象，深刻影响着人民群众的生产生活质量与福祉。提升社会文明的整体水平，首要且核心的任务之一便是致力于构建和谐、优美的自然生态环境，这不仅是先进文化建设不可或缺的环节，也是推动社会全面进步的重要驱动力。

生态文化作为一种新兴的文化形态，其建设需紧密契合当代中国先进文化的总体部署与要求。这要求我们在全社会范围内树立生态政治文明、经济文明与文化文明的全面意识，三者相辅相成，共同为生态文明建设奠定坚实的思想基础与强大的精神支撑。通过这样的文化引领，不仅能够促进人与自然的和谐共生，还能为国家的长远发展注入源源不断的绿色动力，让生态文明的理念深入人心，成为全社会共同的价值追求和行动指南。

第二节 弘扬中国生态文化建设

一、弘扬生态文化是建设生态文明的重要抓手

在应对我国日益严峻的生态环境问题时，弘扬生态文化显得尤为关键和重要。通过深入剖析，我们发现生态环境恶化的根源之一在于社会普遍缺乏生态观念和生态意识，这并非个别现象，而是集体无意识的结果。因此，从根本上弘扬生态文化，唤醒公众的生态意识，树立正确的生态观念，成为推动生态文明建设的迫切需求。

弘扬生态文化是建设生态文明的必由之路，必须将生态文化作为推动社会各界关注生态环境的重要抓手，通过广泛的教育和宣传活动，提升民众的生态意识水平，让保护环境成为每个人的自觉行动和共同责任。这种共识的形成将为生态文明建设奠定坚实的群众基础。

为了从根本上改变民众生态意识薄弱的现状，需要加强生态教育。通过教育体系的完善，将生态知识融入各个教育阶段，引导人们深入了解生态系

统的复杂性和重要性，培养对自然环境的敬畏之心。同时，开展多样化的生态教育活动，让公众亲身体验自然的美丽与脆弱，从而激发保护环境的内在动力。

在弘扬生态文化的同时，还需要加强法律法规的制定和执行。通过完善环境保护法律体系，明确政府、企业和公众在生态文明建设中的责任和义务，确保环境保护法律法规得到有效执行。此外，加大环境监管和执法力度，对违法行为进行严厉惩处，形成有效的环境保护约束机制。

弘扬生态文化不仅仅是政府或某个群体的责任，而是全社会的共同使命。需要通过广泛而深入的生态文化传播，将生态意识和生态观念渗透到社会的每一个角落。只有当全社会形成共同的生态价值观，才能真正实现生态文明建设的目标，建设一个绿色、健康、可持续发展的美丽中国。

二、中国传统生态文化的重要意义

中国各民族优秀传统生态文化的重要性，体现在以下几方面：

第一，生态文化作为人类与自然长期互动的结晶，蕴含着对自然环境和生态系统的深刻认知。这些文化形态不仅记录了各民族在与自然环境的共存中积累的宝贵经验，更蕴含了丰富的生态智慧，成为我们理解自然、保护生态、合理利用资源的珍贵遗产。在这些生态文化中，"天人合一"与"道法自然"的观念尤为突出，它们共同构成了人与自然和谐共生的核心理念。前者强调人类与自然界的紧密联系，认为人类是自然界的一部分，应当顺应自然规律，与万物和谐共处；后者则主张以自然法则为行事准则，强调人类活动应遵循自然之道，避免对生态环境造成破坏。这些古老的智慧不仅塑造了各民族独特的生产生活方式与文化，更为我们当代人提供了重要的启示。它们教导我们，在追求经济发展的同时，必须尊重自然、保护生态，实现人与自然的和谐共生。通过借鉴这些生态智慧，我们可以更好地理解和利用自然资源，推动经济社会的可持续发展。

第二，各民族优秀传统生态文化所蕴含的生态哲理，其深远意义不容忽

第五章　生态文化建设

视。其中,"仁民爱物"与"万物一体"的核心理念,深刻体现了对自然界万物平等、和谐共生的崇高价值观。"仁民爱物"倡导的是一种广泛而深刻的仁爱精神,它要求人们不仅关爱人类自身,还要将这种关爱扩展到自然界的一切生命和物质上。这种思想鼓励我们尊重自然、珍视生命,以温柔和慈悲的心态去对待地球上的每一个生灵和每一寸土地。而"万物一体"则是一种更为宏大的宇宙观,它认为自然界中的万物都是相互联系、相互依存的,共同构成了一个和谐统一的整体。这一观念强调人类与自然是不可分割的一部分,人们的命运与自然界的命运紧密相连。因此,必须以整体和长远的眼光来看待环境问题,追求与自然界的和谐共生。这种生态哲理对于推动可持续发展、实现人与自然和谐共存具有至关重要的指导意义。它提醒我们,在追求经济发展和社会进步的同时,必须时刻关注生态环境的保护和恢复,避免过度开发和破坏自然资源。只有这样,才能确保人类社会的长期繁荣和可持续发展,为子孙后代留下一个更加美好、更加宜居的地球家园。

第三,各民族优秀传统生态文化中的生态准则,如同一盏明灯,照亮了我们塑造良好生态伦理与价值观的道路。其中,"知足知止"与"惜物养德"的深邃理念,尤为引人注目,它们不仅强调了节约资源、保护环境的紧迫性,更呼唤着一种内敛而智慧的生活态度。"知足知止",告诫人们在面对自然资源的诱惑时,应保持清醒的头脑,认识到资源的有限性与珍贵性,学会适度消费,避免无度的索取与浪费。这种理念在当代社会尤为重要,它提醒人们树立绿色消费观,倡导简约生活,让每一次选择都更加环保、可持续。"惜物养德",则将珍惜资源的行为提升到了道德修养的高度。它鼓励人们不仅在物质层面珍惜每一份资源,更在精神层面培养对自然的敬畏之心与感恩之情。通过珍惜资源,不仅能够为后代留下更多的生存空间与发展机遇,更能在这一过程中锤炼自己的品德与情操。深入挖掘与弘扬这些尊重自然、顺应自然、保护自然的生态文化,是建设人与自然和谐共生现代化的关键所在。人们应当将这些生态文化的精髓内化于心、外化于行,将其融入现代社会的发展与管理之中,使之成为推动社会、经济等多方面可持续发展的重要力量。

三、中国传统生态文化中蕴含的思想智慧

（一）传承"天人合一"思想，升华发展为"人与自然和谐共生"的思想

"天人合一"的哲学渊源深植于中国古代经典《易经》之中，其精髓如"大衍之数五十，其用四十有九"的数理奥秘，以及"天地定位，山泽通气位净，雷风相搏，水火不相射"的生动描绘，共同构建了一个深刻洞悉自然法则的智慧体系。这一思想倡导人类应通过对自然的深刻认知，汲取天地之精华，将上天的智慧融入人类社会发展的各个领域，从而实现"天人合一"的至高境界，确保人类社会与自然环境之间达到一种动态的平衡与协调。

作为中国古代哲学思想的核心之一，"天人合一"强调人类与自然的紧密相连，视二者为不可分割的整体。在此框架下，"天"象征着广阔无垠的自然界，"人"则代表智慧与情感并存的人类社会，"合一"则是对两者和谐共存状态的理想追求。这一理念不仅深刻影响了古代中国的思维方式与生活方式，还以多种形式融入了人们的日常，如"五谷丰登"与"五脏俱全"的俗语，便是以"天人合一"的视角，颂扬了自然与人的和谐共生，以及它们之间相辅相成的紧密关系。

在中国传统文化中，"天人合一"的思想更是得到了淋漓尽致的展现，尤其是在传统园林艺术中。以苏州拙政园为例，这座古典园林通过精心设计的山水布局、巧妙安排的亭台楼阁，以及细腻入微的雕刻艺术，将自然美景与人工建筑融为一体，创造出了一个既具自然韵味又富含人文情怀的空间。拙政园不仅是中国古代园林艺术的瑰宝，更是"天人合一"哲学思想在现实生活中的生动诠释，展现了古人对自然与社会和谐关系的深刻理解与追求。

随着时代的发展，"天人合一"的理念被赋予了新的内涵，即"人与自然和谐共生"。这一思想要求人类在发展社会、经济和文化的同时，必须尊重自然、顺应自然、保护自然，实现人类活动与自然环境的良性互动与共同繁荣。在此背景下，中国生态文明建设被赋予了更加重要的使命，即通过强化可持续性发展的理念，引导全社会形成节约资源、保护环境的良好风尚，

共同守护好我们赖以生存的美丽家园。

（二）传承"敬畏生命"思想，升华发展为"尊重自然、顺应自然、保护自然"的思想

中国传统文化中蕴含的"敬畏生命"之精髓，深刻体现了对生命本质的崇高敬意与深切关怀。这一理念不仅促使人们珍视每一份生命的可贵与脆弱，更在决策与行动之际，将生命的价值与安全置于首要考量之列。在生态文明建设的宏大叙事中，"敬畏生命"的理念被赋予了新的时代内涵，转化为"尊重自然、顺应自然、保护自然"的核心理念。"尊重自然"意味着我们应当以谦卑之心去领略大自然的壮丽与奥秘，深入体悟其内在法则、秩序与平衡之美。这不仅是对自然界美的欣赏，更是对自然规律深刻理解的体现，激励我们学会以更加谦和的态度与自然和谐共处。"顺应自然"是对人类活动的一种智慧指引。它告诫我们，在改造自然、创造文明的过程中，必须遵循自然规律，量力而行，避免盲目与过度干预。只有这样，才能确保人类社会的发展与自然的承载能力相协调，实现可持续的发展目标。"保护自然"是这一理念的实践落脚点。它强调了对生态环境和生物多样性的坚决守护，是构建生态文明不可或缺的一环。面对日益严峻的生态挑战，更需要从传统思想中汲取力量，将敬畏生命的信念转化为保护自然环境的实际行动，努力建设一个山清水秀、鸟语花香的美好家园。

（三）传承"取用有节"思想，升华发展为"取之有度，用之有节"的思想

"取用有节"这一古老而深邃的理念，在中国古代社会文化中根深蒂固，它倡导的是一种节制与平衡的生活哲学——在获取与使用资源时，应秉持适度原则，避免奢侈浪费，珍惜每一份自然赐予的宝贵财富。这一思想不仅体现在日常生活的方方面面，更通过世代相传的谚语与口号，如"谷穗虽贵，不如草木充肥"及"良性良种，不可弃之若敝屣"，深刻烙印在民众的心中，成为生态环保意识的重要基石。

在古代农耕社会，中国农民的智慧体现在他们对土地资源的精耕细作与多元种植上，这不仅确保了农作物的多样性与产量的稳定，也维护了生态系统的平衡与生物多样性，生动诠释了"取用有节"的生态智慧。

面对当今世界生态环境日益严峻的挑战，重温并弘扬中国传统生态文化中的"天人合一""敬畏生命"及"取用有节"等理念，显得尤为重要。这些理念呼唤我们重新审视人与自然的关系，倡导一种绿色、低碳、循环的生活方式，以实现人类社会的可持续发展与自然环境的和谐共生。

在生态文明建设的实践中，"取之有度，用之有节"的思想被赋予了新的时代意义。它要求我们在经济发展与资源利用之间找到最佳平衡点，坚持资源节约型、环境友好型的生产方式与消费模式，减少对自然环境的破坏与资源的过度消耗。同时，加强生态环境保护，实施严格的污染控制措施，维护生态系统的健康与稳定，为子孙后代留下一个天蓝、地绿、水清的美好家园。

总之，中国传统生态文化是中国生态文明建设不可或缺的精神财富。它蕴含着丰富的生态智慧与伦理价值，为我们提供了应对环境危机、实现可持续发展的宝贵启示。只有深入挖掘并传承这些宝贵的文化遗产，将其融入现代社会的各个层面，才能真正构建起一个健康、和谐、可持续的生态文明体系。

四、汲取中国传统生态文化中蕴含的思想智慧，落实中国生态文明思想，推进生态文明建设

（一）必须汲取"天人合一"智慧，坚持"人与自然和谐共生"的基本理念，实现人与自然和谐发展

"天人合一"作为中国传统生态文化的重要理念，源自古代先贤的深邃洞察与智慧总结。这一思想深刻阐述了天地万物间不可分割的整体性，强调自然界与人类社会的相互依存与促进关系。它警示我们，若人类背离了对自

第五章 生态文化建设

然的敬畏与尊重，必将招致自然的反噬与报复。因此，"天人合一"倡导的是一种和谐共生的哲学，即人类应以谦卑之心，珍视自然资源，与自然界保持和谐共处的状态，共同迈向"人与自然和谐共生"的美好愿景。

在当今社会，这一古老智慧已成为生态环境保护不可或缺的理念基石。它引导我们在实际工作中，始终将"天人合一"的理念内化于心、外化于行。在生产领域，应致力于探索绿色、低碳、循环的发展路径，推动经济结构的转型升级，实现低耗能、高效益的绿色发展；在生活层面，应倡导简约适度、绿色低碳的生活方式，减少对环境的影响与负担。同时，"天人合一"的思想也激励人们面向未来，勇于探索人类与自然和谐共存的新模式。需不断深化对自然规律的认识，强化对未来可持续发展的预见与规划，努力构建更加和谐、健康、可持续的发展体系。

（二）必须"敬畏生命"，充分尊重自然，贯彻落实保护环境的基本国策，坚持走保护优先的绿色发展之路

"敬畏生命"作为中国传统生态文化的重要价值，深刻影响着人们对生态环境的保护与维护。这一思想倡导对自然界及所有生命的深切敬意与尊重，鼓励人类以和谐共生的姿态融入自然，而非一味地征服与索取。在古代中国的实践中，这一理念得以生动展现，如建筑领域对天然材料如石头、木头的偏爱，不仅彰显了建筑的质朴之美，更蕴含了对自然生命的敬畏与珍视。"敬畏生命"的思想亦渗透于饮食文化之中，中国人"吃饭打牙祭"的传统习俗，体现了对食物的珍惜与尊重，即便是微小的食物残余也被视为宝贵资源，不轻易浪费，这正是"取用有节"生态智慧的具体体现。这一思想深入人心，不仅关乎个体对自身及他人生命的尊重，更扩展到对自然界万物生命的关怀，强调了人与自然之间不可分割的相互依存关系，以及共同促进社会进步的责任。因此，应在日常生活中强化自我保护意识，同时积极推动环境保护法律的实施与监督，确保人与自然和谐共处的愿景得以实现。

为实现这一目标，必须坚持"保护优先"的绿色发展原则，将尊重自然、管理环境生态作为行动的基石。通过加强环保宣传教育，提升公众的环

保意识与参与度；建立健全环境保护机制，如强化排污管理、推广环境影响评价等，确保各项环保措施得到有效执行。

（三）必须"取用有节"，珍惜自然资源，贯彻落实节约资源的基本国策，坚持走节约优先的可持续发展之路

在中国悠久的生态文化长河中，"取用有节"这一理念深刻体现了人与自然和谐共生的智慧与追求。面对自然界的慷慨馈赠，古人早已洞察到"虽天地之大，宝藏之多，非吾所有也，乃吾所用也"的哲理，即自然资源虽丰饶，但若无度索取，终将枯竭，无法维系长久的生态平衡。因此，将资源的高效利用与生态环境的精心保护并轨而行，成为推动社会可持续发展的必由之路。这要求我们秉持"节约优先、保护优先、自然恢复为主"的战略方针，不仅在理念上树立尊重自然、顺应自然、保护自然的生态文明观，更要在实践中积极行动，从个人日常行为的细微之处到企业运营的宏观策略，再到国家政策的顶层设计，全方位、多层次地压减资源浪费，促进资源的循环利用与再生。

具体而言，倡导并实践低碳生活方式，鼓励绿色消费，减少一次性用品使用，推广节能产品与服务；在企业层面，则需转型升级，发展循环经济，实施清洁生产，提高资源利用效率，减少污染物排放；国家则需通过立法、政策引导等手段，强化资源管理和环境监管，同时加大对环保科技研发的支持力度，利用科技创新破解资源环境瓶颈，推动绿色技术进步和产业升级。

五、树立尊重自然、顺应自然、保护自然的理念，抓住弘扬生态文化这个关键，建设生态文明

生态文明建设作为当代社会不可或缺的重要使命，其核心在于树立并践行尊重自然、顺应自然、保护自然的深刻理念。这一理念的根植离不开生态文化的蓬勃发展与广泛弘扬。人类文明的演进本质上是通过文化的塑造与传

第五章　生态文化建设

承来推动社会与自然界的和谐共生。生态文化的兴起，正是对人类传统"人类中心主义"观念的深刻反思与超越，它倡导的是一种人与自然和谐共融的新范式，强调了作为"人类命运共同体"成员的我们，对地球家园的共同责任与担当。

党的十九大报告高瞻远瞩，明确指出树立尊重自然、顺应自然、保护自然理念的重要性，这不仅是全面建成小康社会、实现中华民族伟大复兴的基石，也是推动社会主义文化全面繁荣、提升国家文化软实力的关键所在。在这一背景下，繁荣生态文化、构建生态文明，被赋予了实现"两个一百年"奋斗目标和中华民族伟大复兴中国梦的重大战略意义。

为实现这一目标，需多管齐下，强化生态文化的培育与传承工作。一方面，要将尊重自然、顺应自然、保护自然的理念深度融入教育体系、文化活动及社会实践之中，通过广泛而深入的宣传教育，如举办生态文化节、开展环保主题教育、组织生态志愿服务等，唤醒公众对生态环境的深切关怀与积极参与，让生态文明理念深入人心。另一方面，加强生态文明建设的法治保障同样不可或缺。需不断完善相关法律法规体系，加大对环境污染、资源浪费等行为的法律惩治力度，形成强有力的制度约束，确保生态文明建设有法可依、有章可循。同时，鼓励社会各界共同参与，形成政府主导、企业主体、公众参与的生态文明建设新格局，营造全社会共筑生态文明的美好氛围。

总之，弘扬生态文化是推动生态文明建设的内在动力与必由之路。唯有让尊重自然、顺应自然、保护自然的理念成为全社会的共识与行动指南，我们才能携手共创一个天蓝、地绿、水清的美丽中国，为实现中华民族伟大复兴的中国梦奠定坚实的生态基础。

第三节　生态文明视域下生态文化建设的路径

一、树立生态文明理念

（一）树立生态文明的核心理念

1.尊重自然

树立和谐协调的观念是尊重自然的基石，这一理念深刻揭示了生态文明的内在本质，即人与自然之间和谐统一的至高境界。在和谐协调的系统中，各要素间结构严谨、联系紧密、运作流畅且功能卓越，这样的系统方能焕发勃勃生机，迈向繁荣兴盛。这一规律不仅适用于自然生态系统，也同样贯穿于人体生态系统与社会生态系统之中。

和谐共生作为自然界不可动摇的普遍法则，超越了单纯的竞争逻辑。正如达尔文所洞察，生物界并非仅由残酷的竞争构成，每种生物都能凭借其独特的创造力，在不损害其他生物生存的前提下，找到属于自己的生态位，共同编织出一幅多元共生的生态画卷。生态位分离、普遍联系、相互适应、协同进化以及生物间的趋异与宽容，都是这一和谐共生规律的具体体现。

进一步而言，和谐协调也是人类健康不可或缺的基石。人体作为自然与社会双重生态系统的交汇点，其生理机能的自然平衡与心理状态的和谐稳定，是维持健康状态的关键。情绪波动的不和谐往往成为疾病的温床，特别是那些与负面情绪紧密相关的疾病，如癌症，更是凸显了心理和谐的重要性。中国古代医学的智慧，如"怒伤肝、哀伤胃"等论述，正是对此的深刻总结。

和谐社会，作为人类永恒的追求，其核心在于"和而不同"，即在尊重差异的基础上寻求共识与融合。"自然—人—社会"这一复合生态系统，由众多子系统与多元因子交织而成，是一个既矛盾又统一的复杂体系。因此，实现和谐的关键在于融会贯通，即包容差异、化解冲突、促进互补，最终

第五章 生态文化建设

达到人与自然、人与社会、人与自我之间的全面和谐，从而构建生态文明社会。

生态文明，作为一种包容性极强的文明形态，与工业文明的排他性、掠夺性和残暴性形成鲜明对比。它强调人与自然关系的紧密相连，以及人与人之间、人与社会之间的和谐共生。因此，全面树立和谐理念，不仅是尊重自然的必然要求，也是推动社会全面进步、实现可持续发展的根本途径。

2.顺应自然

遵循自然规律，必须确立尊重自然法则的理念。自然法则作为人类行为的重要导向，是生态文明建设的核心原则，体现了顺应自然的根本要求。自然法则主要包括以下几个方面：

（1）生态整体，普遍联系法则

自然生态系统是一个彼此依存、错综复杂的整体。在这一系统中，每一种生物都与其他生物紧密相连，体现了"物物相关""相生相克"的自然法则。例如，生态学中著名的28次方规律揭示了物种间相互依存的深刻关系，即一个物种的灭绝可能会引发大约28个相关物种的连锁灭绝。生物圈内部存在着精密的联系网络，生态网作为一个放大器，意味着局部的微小扰动可能会引发广泛而深远的影响。这种影响通常具有滞后性，不易在短期内显现，因此往往被人们所忽视，其潜在的危害性更为深远和严重。当前，生态与经济的关系比以往任何时候都更为紧密。这要求必须遵循生态系统整体性、普遍联系的法则，将"自然—人—社会"复合生态系统视为一个不可分割的整体，以生态整体观为指导，运用综合协调的方法开展生产活动和生活活动。绝不能片面理解问题，只关注局部而忽视整体，只看到眼前利益而忽略长远发展。否则将不可避免地受到自然法则的惩罚，导致无法挽回的严重后果。

（2）循环转化，皆有去向法则

在自然界的广袤舞台上，物质循环与能量转换编织着一幅错综复杂的动态画卷。简而言之，这幕大戏由无数种类的绿色植物、动物及微生物共同演绎，它们之间既存在激烈的生存竞争，又携手共进，在协同演进中构建了相互依存、紧密相连的生态网络。绿色植物，作为生态链的基石——生产者，它们汲取太阳的光辉，并从大气、水体、土壤及岩石中汲取生命之水、氧气、氮、碳以及丰富的矿物质，通过光合作用，将这些元素转化为宝贵的碳水化合物与蛋白质，为生态系统注入初始活力。

动物们则扮演了消费者的角色，分为食草与食肉两大阵营。前者直接以绿色植物为食，而后者则通过捕食其他动物（最终追溯至绿色植物）来维持生命。这种食物链的精巧设计，确保了能量的有效传递与物质的循环利用。而微生物作为生态系统中的还原者，它们以非凡的能力分解着动植物遗骸与排泄物，不仅从中汲取自身所需的营养，更将关键的营养素返还土壤，为新一轮的生命循环铺设基石，从而构建了一个近乎完美的闭环系统。这一循环转化的法则深刻揭示了自然生态系统的智慧与高效：在这里，没有真正的"废物"，没有多余的物质，每一分子、每一元素都在无尽的循环中被充分利用，实现了资源的最优化配置。这种自然的经济哲学，不仅追求生态效应的和谐，也兼顾了经济效益的最大化，展现了生态效应与经济效应的完美统一与最优化。

因此，生态学在某种意义上，可以被视为研究自然界经济规律的科学，它教导我们如何在尊重自然法则的基础上，实现可持续发展。在生态文明建设的征途中，我们需深刻领会并灵活运用这一基本法则，将自然生态系统的循环转化智慧融入社会经济发展的实践中，推动循环经济的蓬勃发展，使之成为我们追求绿色、低碳、可持续未来的重要路径。

（3）生态平衡，阈值为度法则

生态平衡是自然、人类与社会复合生态系统运行的根本法则。所谓生态平衡，即指在特定时空条件下，生态系统内部生物间、生物与环境之间实现相互适应、协调一致的和谐状态。鉴于此平衡具有相对性而非绝对性，所以也称之为生态系统的动态平衡。概括来说，生态平衡主要有以下几个特征：

第一，生态平衡展现出鲜明的整体性特质，它不仅是自然界宏观大系统与微观局域小系统之间协同共生的结果，更是这两大层面生态平衡和谐统一的体现。这种整体性强调了生态系统内部各组成部分间不可分割的联系，以及它们对整体稳定与和谐的共同贡献。

第二，生态平衡是一种开放性的动态平衡状态。生态系统依据耗散结构原理，持续不断地与外部环境进行物质、能量和信息的交流互换，这一过程是推动生态系统向更高层次平衡发展的关键驱动力。这种开放性确保了生态系统能够适应外界变化，保持其内部结构的稳定与功能的完善。

第五章 生态文化建设

第三，生态系统内蕴含着强大的自我调节、自我控制及自我发展的能力，这些能力是大自然智慧的集中展现。生态系统具备一定的抗干扰和抗风险能力，但这种能力并非无限，而是受限于一定的阈值范围。这个阈值，在现代生态学中，被视为衡量生态系统承受外界干扰能力的关键指标。一旦外界干扰超出这一阈值，生态系统的自我调节机制便会失效，导致生态平衡被打破，甚至引发生态系统的混乱与崩溃。

（4）多样性增加系统稳定性法则

生态因子的多样性是增强生态系统稳定性的要素之一，这一观点深刻体现了生态平衡法则的精髓。鉴于其广泛而深远的影响，不仅局限于生态学领域，更在社会、经济、生态等多个维度的建设中发挥着至关重要的指导作用，因此有必要进行专门阐述。

现代生态学的智慧告诉我们：生态系统的丰富性与完整性是其稳定与高效的基石。一个生态系统若拥有更多种类的生物和更复杂的结构，往往意味着其内部机制更为合理，对外部干扰的抵抗力和自我调节能力（包括自我恢复与平衡）也更为强大。这种优化的生态功能使得系统能够更加稳健地运行，趋向于更高的稳定状态。

多样性与稳定性的关系，实质上是竞争与协调这对矛盾体相互作用的结果。多样性促进了生物间的竞争，而这种竞争非但没有削弱系统，反而激发了各因子的活力，推动了系统结构的不断优化升级。在这一过程中，更高层次的协调得以形成，从而增强了系统应对挑战、自我调节与持续发展的能力。正如自然界中混交林相较于单纯林展现出更强的生态功能和稳定性，经济领域也遵循着相似的规律：垄断往往导致经济活力下降，而多元化的经济结构则更具抗风险能力；未来的商业竞争将更加注重合作与共赢，而非单一竞争。

在社会领域，这一原则同样适用。和而不同的理念鼓励多种所有制经济并存互补，促进各民族和谐共处，为国家的稳定与发展奠定坚实基础。放眼全球，多极化格局的形成正是和平与发展的基石，展现了多样性在推动世界稳定与进步中的独特价值。

3.保护自然

保护自然必须树立以下理念：

（1）"地球村"的理念

在探讨以"地球村"理念引领自然保护时，我们触及的是一个超越国界、种族与文化界限的深刻议题。这一理念不仅是对当前全球化背景下人类共同命运的深刻洞察，更是对未来可持续发展路径的远见卓识。它蕴含了三层递进且相互交织的意义：理念的深刻性、意境的综合性以及影响的长远性。

首先，从理念的深刻性来看，"地球村"概念深刻揭示了地球作为全人类唯一共同家园的本质。在这个紧密相连的星球上，"人类只有一个地球，各国共处一个世界"，这一现实要求我们超越狭隘的国家利益，以全球视野审视和应对环境问题。保护自然不再是某个国家或地区的责任，而是全人类共同的使命。它呼唤着每一个国家、每一个民族、乃至每一个个体，都能培养出一种对地球整体命运的合理忠诚，将个人的行动与全球生态的福祉紧密相连。

其次，从意境的综合性而言，"地球村"是21世纪多个时代特征的集中体现——生态化、知识化、经济一体化、信息网络化相互交织，共同塑造了一个前所未有的全球互联互通的格局。生态化和知识化的全球性特征，强调了环境问题与知识共享的全球责任；经济一体化和信息网络化的加速发展，则使得地球仿佛缩小成了一个紧密相连的村庄，任何一地的风吹草动都可能迅速波及全球。这种宏观与微观的有机统一，空间与时间的紧密交织，要求我们在面对环境挑战时，必须具备全局观念和长远眼光，采取协同一致的行动。

最后，从影响的长远性来看，"地球村"理念下的自然保护，关乎全人类的未来福祉和各民族的兴衰成败。资源枯竭、环境恶化、生态报复以及工业文明病等问题，已成为全球性的危机，其影响深远且难以逆转。因此，共同应对这些危机，不仅是道义上的责任，更是关乎人类生存与发展的紧迫任务。在这一过程中，国际合作成为不可或缺的关键。无论地理区域、国家民族、社会性质还是意识形态的差异，都无法阻挡人类在面对共同挑战时携手合作的决心和行动。这种跨越界限的合作，不仅体现了人类文明的进步与成熟，更是生态文明在全球范围内发生和发展的宏观内在必要条件。

第五章 生态文化建设

（2）人类与自然共繁荣同发展的理念

保护自然环境，是确保"自然—人—社会"复合生态系统和谐共生、持续繁荣发展的必要之举。因此，必须树立并践行以下基本理念和应用理念：

第一，应确立"保护与发展并重"的理念，即"在保护中发展，在发展中保护"。这一理念强调了两方面的平衡与协同。一方面，需深刻认识到优质生态环境对经济发展的重要性，致力于突破经济发展中的生态瓶颈。这要求加大对自然生态系统和环境保护的投入力度，实施一系列重大生态修复工程，以增强生态产品的供给能力。同时，构建完善的防灾减灾体系，提升对气象、地质、地震等自然灾害的防御能力，确保人民生命财产安全。在环境治理上，应坚持预防为主、综合治理的方针，特别是针对影响群众健康的突出环境问题，如水、大气、土壤污染等，应采取强有力的防治措施。此外，面对全球气候变化这一全球性挑战，应秉持共同但有区别的责任原则、公平原则及各自能力原则，与国际社会紧密合作，共同应对，为全球生态安全贡献力量，为人民创造更加宜居的生产生活环境。另一方面，经济发展作为国家的根本任务，是支撑国家繁荣、人民幸福、社会和谐及环境保护的坚实基础。应该认识到，经济发展与环境保护并非零和博弈，而是可以相互促进的。因此，必须树立在发展中保护的理念，遵循人口、资源、环境相均衡，以及经济、社会、生态效益相统一的原则，将经济社会发展与生态环境保护紧密结合。这一理念不仅在理论上具有科学性，更在实践中得到了验证。我国已有多个区域、城乡、行业及企业在此方面取得了显著成效，为其他地区提供了宝贵的经验和启示。

第二，必须确立"节约资源是保护生态环境的根本之策"的理念。资源与生态环境之间存在着密不可分的内在联系。根据物质不灭定律，我们深刻认识到：一方面，节约资源即是保护生态环境；另一方面，资源的高效利用必然伴随着废弃物排放的大幅降低。设想若一个单位的资源本可产出三个单位的产品，但在实际生产过程中仅产出一个单位的产品，那么将有三分之二的资源转化为废弃物排放。这种现象不仅造成了资源的极大浪费，也必然导致环境的严重污染。因此，在日常生活中，应坚决反对任何形式的浪费，这不仅是对资源的节约，更是对环境的保护。必须坚持节约集约利用资源，推动资源利用方式实现根本性转变。

（二）生态文明理念的创新

1.树立生态文明的开发理念
（1）调整空间结构的理念

空间结构作为国土空间开发中城市空间、农业空间与生态空间等多元化空间的直接体现，承载着经济结构与社会结构的空间形态。其动态变化，深刻影响着经济发展模式的转型路径与资源配置的优化效率。尽管我国在城市建成区、建制镇建成区、独立工矿区、农村居民点以及各类开发区等方面的空间扩展已取得显著成就，总面积庞大，但不容忽视的是，当前空间结构布局尚存不合理之处，导致空间资源的利用效率未能充分发挥。鉴于此，将空间结构的调整与优化深度融入经济结构调整的战略布局之中，已成为当务之急。这意味着，国土空间开发的重心需从过去的以土地扩张为主导，逐步转向聚焦于空间结构的精细调整与优化，以及空间利用效率的显著提升。通过科学合理的规划与设计，促进城市、乡村与生态空间之间的和谐共生，提升国土空间的整体效能与可持续发展能力。同时，加强对各类开发区和产业园区的集约化管理，推动土地资源的高效集约利用，为经济社会的持续健康发展奠定坚实基础。

（2）提供生态产品的理念

人类的需求是多维度的，不仅涵盖了农产品、工业品及服务产品等经济物质层面的需求，还日益凸显出对清新空气、清洁水源、宜人气候等生态产品的渴望。从需求视角审视，这些自然赋予的宝贵资源，在本质上同样具备产品的属性，它们满足了人类对于健康、舒适生活环境的基本追求。保护并扩大自然界生产生态产品的能力，实质上是一个创造并提升价值的过程。这一过程不仅关乎生态环境的维护与修复，更是推动社会可持续发展的重要动力。因此，将保护生态环境、提供生态产品的活动视为发展的重要组成部分是时代赋予我们的新使命。

当前，我国工业生产能力已实现了飞跃式增长，但在生态产品供给方面却面临着能力减弱的挑战。与此同时，随着人民生活品质的不断提升，公众对生态产品的需求日益增长，形成了鲜明的供需矛盾。鉴于此，必须将提供生态产品置于国家发展战略的重要位置，将其视为推动经济社会全面发展的

第五章　生态文化建设

重要内容。同时,将增强生态产品生产能力作为国土空间开发的关键任务,通过科学合理的规划与布局,优化资源配置,促进生态环境与经济发展的良性互动,为人民群众创造更多优质的生态产品,满足人民日益增长的美好生活需要。

(3)优势互转,良性循环理念

在推进开发进程中必须充分发挥生态优势与经济社会发展优势的互补转换作用,努力实现经济社会发展与生态效益的有机统一和其优势的最大化利用。生态优势是一地不可复制的核心竞争力,人们应以生态文明理念为引领,积极创新思维,将其转化为经济发展的特色和优势。对于那些暂时难以实现转化的生态资源,必须予以妥善保护,坚信未来一代将拥有更高的智慧,能够更好地利用这些宝贵资源。同时,具备经济发展优势的地区,也应致力于将其转化为生态环境优势,从而进一步提升经济质量和效益。例如,高附加值的高端制造业,理应布局于生态环境优良的地区,以促进良性循环的形成。对于那些生态条件尚处于劣势的地区,应先将劣势转化为优势,进而实现相互转换。在选择经济开发项目时,必须进行经济效益与生态效益的综合博弈分析,精心挑选出既有利于经济发展又有利于生态保护的项目。这些做法在许多地方已经取得了成功。

2.树立生态文明的道德理念

(1)尊重自然的价值与权利的理念

生态文明道德的核心观念在于强调自然界的全面价值与共生共存的重要性。与工业文明道德观截然不同,后者倾向于将人类视为唯一具有价值的存在,视自然界仅为服务于人类的工具,缺乏内在价值与权利。而生态文明道德观则深刻认识到,自然界的每一个生物种群乃至每一个生命体,对于其他生命体及整个自然界而言,都承载着不可小觑的价值。这种价值观深植于自然界的生命循环与生存方式之中,构建了人与自然生命体共存的双重主体系统。

在这一框架下,自然界不仅被赋予了存在的权利,而且其权利的尊重与维护成为人类不可推卸的责任。人类应当超越自我中心的局限,发挥主观能动性,以更加谦卑和尊重的态度,保障自然界中其他生命体的生存与发展权利。这种保护行动并非仅仅出于对人类自身利益的考量,而是基于对自然界整体福祉的深切关怀，认识到自然界的繁荣与人类社会的可持续发展息息相关。

因此，人类应将关心人类命运与关爱自然生态紧密结合，以人性化的视角和情感，去善待自然界的每一个生命体及其生存环境。这意味着我们需要承担起对自然界所有生命及其栖息地的保护责任，积极履行作为地球公民的义务，以此展现人类价值的全面性与深刻性。

（2）科学、公正、平等的理念

生态文明道德的核心理念深植于和谐与协调的哲学之中，其核心原则围绕着科学、公平与公正三大支柱构建。这些原则不仅是通往生态与社会和谐共生的关键路径，也是生态文明道德实践的核心指导。

第一，生态文明道德强调必须遵循"自然—人—社会"这一复合生态系统的内在规律。这意味着在发展与建设中应秉持科学精神，合理规划人与自然之间的物质交换过程，确保这一过程既满足人类发展需求，又不以牺牲生态环境为代价。反对任何忽视自然成本、盲目追求短期经济利益而破坏生态平衡的行为，倡导绿色、低碳、循环的发展模式。

第二，生态文明道德将公正与公平视为不可或缺的价值追求。这种公正与公平不仅体现在地球作为一个整体生态系统的层面上，还深入到国家、区域、个人以及不同世代之间。它要求我们尊重自然界的权利，实现人与自然的平等共生；同时，也要在人类社会内部促进代内的公平正义，确保资源的合理分配与环境的可持续利用。此外，还应关注代际公平，为后代子孙留下一个健康、宜居的地球家园。

二、加强生态文明教育

（一）中国公民生态文明教育现状

1.生态文明教育发展不协调、不平衡

发展不平衡指在发展进程中出现的种种不协调、不匹配与不和谐状态，

第五章 生态文化建设

构成了我国的基本国情之一。这一现象在全球范围内同样普遍，无论是经济高度发达的国家还是正处于快速发展阶段的发展中国家，无论是繁华的大都市还是偏远的乡村地区，都难以完全避免发展不平衡的问题。在我国，发展不平衡尤为显著地体现在城乡之间的不协调以及东西部地区之间的巨大差距上。这一现状的形成，根源复杂多样，主要包括以下四个方面：

第一，自然条件的差异是发展不平衡的天然基础。我国幅员辽阔，自然资源丰富多样，但地理环境千差万别，从而导致了各地区在资源禀赋、气候条件、生态环境等方面的显著差异，进而影响了经济发展的起点和速度。

第二，历史因素也是不可忽视的重要原因。长期以来，中国的经济重心经历了多次迁移，中原地区作为历史上的经济文化中心，长期占据优势地位，而边疆地区则相对滞后。这种历史积淀下来的发展差距，在现代化进程中依然有所体现。

第三，政策导向对发展不平衡产生了深远影响。改革开放以来，为了促进全国经济的快速增长，我国实施了一系列区域发展战略，这些政策在推动部分地区快速发展的同时，也在一定程度上加剧了区域间的发展不平衡，尤其是东西部之间的差距日益明显。

第四，体制机制的缺陷也是导致发展不平衡的重要因素。在计划经济时期，不合理的价格体系长期存在，国家为了支持工业化进程，对能源、原材料及农产品实行低价政策，这在一定程度上抑制了中西部地区和农村地区的发展活力，加剧了城乡、区域之间的不平衡。

2.生态文明教育的社会认同度和地位较低

生态文明教育的兴起，从根本上说是对当前经济发展模式所引发的经济危机的一种深刻反思，它反映了人类社会存在方式的转变，进而要求社会意识、教育体系的方向与内容作出适应性调整。唯有如此，生态文明教育才能有效助力社会改革，切实推动人类社会的科学可持续发展。然而，在我国，生态文明教育的社会认知度尚显不足，普及程度有限。一方面，由于生态文明教育作为新兴领域，其理论与实践的探索仍处于初级阶段，理论传播未能广泛覆盖，导致许多民众对生态伦理、生态文明建设的概念知之甚少。另一方面，认知上的误区也是一大障碍，部分公众将生态文明教育视为外在强加的任务，未能内化于心、外化于行，生活方式未能随之改变。此外，我国生态文明教育在深度与广度上均存在不足。当前的教育活动多侧重于现状描述、意义探讨及资料整理，缺乏深入的理论剖析与体系化建设，这使得生态伦理教育在公众眼中显得抽象且难以触及，难以有效激发人们的生态意识。加之国家层面的宣传力度和资源投入有限，更是加剧了这一困境。因此，破解生态伦理教育弱势地位与内在先进性之间的矛盾，成为当前亟待解决的问题。

3.生态文明教育模式陈旧

当前，中国的生态文明教育虽已初步明确了教育的核心理念、目标、任务及战略导向，并辅以丰富的政策论述与参考资料，但其发展仍受限于机械套用理论材料的思维模式中，缺乏独立的教育方法论体系。面对生态环境问题的复杂性，亟须对教育与非教育领域内的生态问题展开系统性的方法论分析。综观全局，由于理论研究深度不足及现实情况的多变性，生态文明教育尚未形成稳定且高效的模式，多依赖于其他领域的教育范式，未能充分融入生态领域的独特性与创新性，显得较为保守和传统。

在我国，生态文明教育普遍采用填鸭式教学，虽适应于应试教育体系，却难以契合生态文明教育的本质需求。生态文明教育强调通过多元化感官体验唤醒受教者的生态意识，激发其主动探索与学习的动力，这是传统教育模式难以企及的。因此，必须打破常规，探索适合生态文明教育特性的新模式。鉴于生态文明的终极目标是培养人们的生态自觉，即自觉获取生态知识并主动践行生态行为，生态文明教育模式应摒弃僵化框架，灵活应变，将任何促进生态行为养成的教育活动纳入其范畴。在此背景下，生态中心模式应运而生，成为创新生态文明教育的重要尝试。

生态中心模式根植于教育理论的发展，旨在促进人的全面发展，强调在全社会范围内普及生态文明教育，以重塑人们的生态观念，构建生态整体与和谐共生的世界观。然而，该模式的成功实施离不开完善的哲学方法论与社会教育体系的支撑。生态中心模式基于对人与自然关系及生态伦理学的深刻理解，彰显了生态知识的学术价值与实践意义。进一步研究发现，生态知识的普及程度与环境保护的实际成效紧密相关，推广生态知识对于提升环境保护的实效性至关重要。因此，在生态文明教育过程中，应高度重视生态知识的传播与推广，使之成为推动生态文明建设的重要力量。

（二）公民生态文明教育的途径

1.自我教育

在当今这个日新月异的时代，社会以前所未有的速度向前跃进，科技的飞速发展极大地丰富了人们的生活与工作方式，但同时也带来了资源过度开采与能源消耗激增的严峻挑战。这种高速度的发展模式，在衣食住行等日常生活的方方面面都留下了深刻的印记：从快速消耗的一次性用品，到不断升级的电子产品，再到日益繁忙的交通网络，无一不彰显着人类活动对自然资源的巨大需求与依赖。

青年群体，作为社会的中流砥柱与未来希望的承载者，其生活方式与思维理念的转变对于推动社会可持续发展具有不可估量的价值。他们不仅是新技术、新观念的接受者和传播者，更是推动社会变革的重要力量。随着生态文明理念逐渐深入人心，越来越多的青年开始深刻反思自身行为对环境的影响，积极拥抱环保节能、绿色低碳的生活方式。

这种转变体现在日常生活的每一个细微之处：在饮食上，他们倾向于选择有机食品、减少食物浪费，倡导"光盘行动"；在穿着上，快时尚不再是唯一追求，二手衣物交换、环保材质衣物成为新风尚；在居住方面，节能家电、绿色建筑成为首选，倡导简约而不简单的生活空间；出行时，则更倾向于使用公共交通工具、骑行或步行，减少碳排放，为蓝天白云贡献自己的一份力量。

更为重要的是，青年群体开始自觉地进行生态教育，不仅自己学习环保知识，提升环保意识，还通过社交媒体、公益活动等多种渠道，向周围的人传播绿色生活理念，鼓励更多人加入环保节能的行列。这种自我教育与自我管理的加强，不仅提升了个人素养，更为构建生态文明社会奠定了坚实的基础。

2.家庭教育

在生态文明教育的广阔版图中，家庭教育扮演着独特且不可或缺的角色，其重要性不容忽视。因此，亟待对家庭教育在生态文明教育中的独特价值给予充分的重视与认可，并通过积极有效的宣传策略，提升其社会认知度与参与度。同时，为确保家庭教育的正面导向与实效，还应实施适当的引导措施，旨在促进家庭内部形成生态友好的生活习惯与价值观。在此基础上，构建一个以学校教育为核心、家庭教育为重要支撑的全新教育模式显得尤为重要。

（1）政府发挥引导作用

在生态文明教育领域，政府应扮演核心角色，全面发挥其双重关键职能：约束与宣传引导。就约束职能而言，政府需积极介入，通过设立明确的教育标准、制定必要的强制性政策或向家庭教育提出具体要求，以规范并推动家庭生态文明教育的普及与实践。这一过程旨在逐步将环保理念融入家庭日常生活，使之成为习惯与常态，从而构建起牢固的生态文明社会基础。政府的宣传引导职能同样至关重要。一方面，政府应采用多元化、富有创意的道德宣传手段，旨在深入人心地传播生态文明理念，引导公众树立正确的生态文明观。这不仅有助于提升全体公民的生态文明意识，还能促使他们在日常生活中自觉践行绿色行为，将环保意识转化为实际行动，进而形成良好的社会风尚。当公民普遍具备高度的生态文明意识和良好的生态文明素质时，这种积极向上的氛围将自然而然地影响到下一代的教育与成长。另一方面，政府还需加强对家庭教育的指导与支持。这包括明确界定家庭在生态文明教育中的权利与义务，确保家庭作为教育主体的地位得到巩固与加强。同时，政府应通过提供教育资源、举办培训活动、建立激励机制等多种方式，积极引导家庭有效开展生态文明教育。在此过程中，既要鼓励家庭自主探索适合自身情况的教育方法，又要避免对家庭教育放任自流，确保其在正确的轨道上前行。

（2）加强家长的示范效应

家长作为孩子成长过程中的首要影响者，其言行举止对孩子具有深远的影响力和示范效应。因此，家长应当时刻铭记自身的榜样作用，通过言传身教这一极具说服力的教育方式，为孩子树立正面的行为典范。在日常生活中，家长需高度警惕自身行为，避免如随地吐痰、乱扔垃圾等不良习惯，这些行为不仅损害环境，更可能在孩子心中种下错误的价值观种子。

当学校教育向孩子们传授爱护公物、保护环境的正确观念时，若家长的行为与之相悖，便会在孩子心中引发认知冲突与困惑，甚至对道德文明标准产生怀疑。为避免这一状况，家长必须严于律己，不断提升自身的生态文明

第五章　生态文化建设

意识与道德素质，确保自己的言行与学校教育保持一致，共同构建孩子健康成长的良好环境。

此外，家长还应积极承担起生态文明教育的责任，利用日常生活中的点滴机会，向孩子传授环境保护的知识与技能。通过共同参与环保活动、讨论环保话题等方式，增强孩子的环保意识和责任感。同时，家长应紧密配合学校教育，形成家校共育的良好局面，使生态文明教育在家庭与学校之间无缝衔接，相互促进。

（3）提高教育方法的多样性

在生态文明教育的广阔领域中，教育方法的选择与运用至关重要，它直接关乎教育效果的优劣。对于家庭教育而言，尤其需要注重方法的创新与实践，以青少年易于接受且乐于参与的形式开展，避免单一的说教与劝阻，转而通过日常生活的细微之处，构建一个充满生态智慧的教育环境。

体验式教育作为家庭教育中的一大亮点，以其独特的魅力成为连接理论与实践的桥梁。它鼓励家长将孩子置于自然之中，让孩子亲身体验大自然的壮丽与脆弱，无论是领略其神奇之美，还是直面环境破坏的惨痛后果，都能深刻触动孩子的心灵，激发他们对自然的保护欲与责任感。比如，亲子郊游、参与环保实践、参观各类文化场馆等活动，都是体验式教育的生动实践，它们以直观、生动的方式，让孩子在享受自然之美的同时，也深刻认识到环保的重要性与紧迫性。此外，家庭教育还应灵活运用多种教育手段，如通过日常生活中的实例讲解环保知识，引导孩子形成正确的垃圾处理、节水节电等生活习惯；借助生态文明相关的书籍、影片等资源，拓宽孩子的视野，丰富其环保知识体系；甚至可以通过家庭会议等形式，就环保议题展开讨论，培养孩子的思辨能力与问题解决能力。

值得注意的是，生态文明的家庭教育并非一蹴而就，它需要家长的持续重视与全力配合。家长应将孩子的品德教育与知识教育置于同等重要的地位，认识到生态文明教育对于孩子未来成长的重要性，从而在日常生活中自觉践行环保理念，为孩子树立良好榜样。

（4）加强教育主体之间的合作

当前，部分家长的教育观念存在明显偏颇，他们过分聚焦于孩子的学习成绩与未来职业前景，将考上名校、获得高薪视为成功的唯一标尺，却忽视了德育在孩子成长中的基石作用。同时，也有家长错误地将教育责任完全推给学校，忽视了家庭作为孩子第一课堂的重要性，导致家庭教育严重缺位。这些观念不仅阻碍了孩子的全面发展，也背离了教育的本质目的。因此，家长亟须转变传统观念，认识到德育与智育并重的重要性，通过自身的言行举止为孩子树立正面榜样，实现言传与身教的有机结合。家庭应成为孩子品德塑造的摇篮，与学校携手合作，共同承担起生态文明教育的责任。

生态文明教育是一项长期而艰巨的任务，它关乎国家的未来与民族的希望，需要社会各界的广泛参与和共同努力。家庭与学校作为生态文明教育的两大主体，必须紧密配合，形成教育合力，确保生态文明理念深入人心，成为每个孩子的自觉行动。

在实践中，应制订科学合理的教育计划，坚持不懈地推进生态文明教育，同时鼓励创新，不断探索适应时代需求的教育方法。通过家校合作，我们可以为孩子营造一个全方位、多层次的生态文明教育环境，让他们在潜移默化中接受熏陶，逐步树立起尊重自然、保护环境的价值观。

3.学校教育

（1）设置关于生态文明的公共必修课

学校应积极优化课程设置，以强化生态文明教育为核心，充分发挥课堂教学的主阵地作用。在教材编撰上，应避免单一模式的套用，倡导课程模式的多元化，紧密结合学校特色与实际情况，精心设计与编写教材内容。针对中小学阶段，应将生态文明教育纳入常规课程体系，既可独立开设专门课程，也可灵活融入其他学科，如科学、社会等，使生态文明理念贯穿学生学习始终。而大学教育则更应重视生态保护的普及与深化，设立生态环境保护的公共必修与选修课程，为全体学生奠定生态学基础，并通过学分制度确保每位学生都能获得必要的生态知识，从而有效提升其生态意识。

此外，学校还应将生态文明意识渗透至所有课程的教学之中，无论是自然科学还是人文社科，都应融入环境保护、循环经济、可持续发展的相关理念，使学生在潜移默化中增强生态责任感。同时，将生态教育确立为素质教育的重要组成部分，纳入教学评价体系，激励学生积极参与生态实践活动。

在构建生态文明校园的过程中，学校需从人才培养、教学科研、校园管理等各个层面出发，全面融入生态文明理念。特别是在高等教育领域，应有

第五章 生态文化建设

效整合生态文明教育资源，形成长效教育机制，确保生态文明教育在高校教育教学体系中的稳固地位。

需要特别指出的是，学校应充分利用思想政治理论课这一平台，深化生态文明教育。通过优化课程内容，将生态文明理论融入教材体系，引导学生树立正确的生态文明价值观，提升其生态保护意识。例如，在《思想道德修养与法律基础》课程中，不仅要加强生态文明理论的讲授，还应强化价值引导，促进学生对生态文明思想的认同与内化；在道德教育环节，加强生态伦理道德教育，树立生态道德榜样；在法律教育部分，则以生态环保法为切入点，增强学生的法律素养与生态文明法制观念。

（2）加强生态文明实践活动

学校应鼓励学生社团充分利用各类环保节日，如植树节、世界水日、世界动物日等，策划并举办丰富多彩的实践活动。这些活动不仅能够基于共同的兴趣爱好将学生紧密团结在一起，形成具有向心力的社团组织，还能借助社团成员跨院系、跨专业的背景，发挥他们在学生群体中的影响力，组织出高参与度的活动。

环保社团在生态文明教育中的作用尤为突出，它们能够结合专业特长，发挥号召力，有效提升社会公众的生态文明意识。通过"地球日""世界环境日"等标志性节日，社团可以组织绿色校园建设、环保宣传、知识竞赛、征文比赛、节能减排实践以及垃圾分类指导等活动，营造清洁美丽的校园环境，倡导简约适度、绿色低碳的生活方式，从而加深学生对生态问题的关注与理解。

为进一步提升学生的生态文明素养，学校还应积极举办生态文明讲座、志愿服务、假期社会实践等活动，让学生在参与中学习和成长，形成良好的环保习惯。在此过程中，应充分调动环保类社团的积极性，发挥其独特优势，确保生态文明教育取得实效。

在校外活动方面，应鼓励学生将生态文明理念向社会传播，参与环保知识宣传、绿色社区建设、白色污染消除、植树造林等公益活动，通过实际行动为生态文明建设贡献力量。

同时，鉴于互联网的普及对青少年影响深远，学校应探索网络生态文明教育的新路径。利用网络平台传播环保知识，开展在线互动讨论，组织网络环保项目，让网络成为提升学生生态文明意识的新阵地。此外，寒暑假期间的社会实践活动也是增强学生环保意识和实践能力的重要途径，学校应给予充分指导和支持。

4.社会教育

（1）社会组织教育

随着生态文明理念的日益深入人心，社会各界对环境保护的重视程度显著提升，这一背景下，众多环保类社会组织如雨后春笋般涌现，它们不仅成为生态文明建设不可或缺的重要力量，还在生态教育领域发挥着举足轻重的作用，作为一股新兴而充满活力的推动者，正逐步展现其独特的影响力。这些环保类社会组织凭借其专业性、灵活性和广泛的社会基础，深入到生态建设和生态教育的各个层面。它们通过组织各类环保活动、开展环境教育项目、推广绿色生活方式等手段，有效促进了生态文明知识的普及与传播。同时，这些组织还积极倡导公众参与，鼓励人们从日常生活做起，为环境保护贡献自己的力量，从而在社会上形成了良好的环保氛围和生态文化。

在生态教育方面，环保类社会组织已经取得了显著的成绩。它们不仅为公众提供了丰富多样的学习资源和实践机会，还通过创新的教育方式和手段，激发了人们对生态文明的兴趣和热情。这些组织往往能够结合当地实际情况，设计出贴近民生、接地气的环保课程和活动，使生态教育更加贴近人们的生活，更具针对性和实效性。

更为重要的是，环保类社会组织与政府之间的协同合作，进一步增强了生态建设和生态教育的效果。政府在宏观层面制定政策、规划蓝图，而环保类社会组织则能够在微观层面提供具体的实施方案和服务，两者相辅相成，共同推动了生态文明建设的深入发展。同时，这种协同合作还弥补了政府在资源分配、信息传递等方面的不足，有效地动员了更广泛的社会公众参与生态文明建设。

（2）社区教育

在公民的生态文明教育进程中，环境因素的影响力不容小觑，构建生态社区成为培育公民生态文明意识、践行绿色生活理念的关键一环。这样的社区环境不仅为生态文明教育提供了生动的实践场景，还通过其潜移默化的渗透作用，显著增强了教育的效果。社区教育，以其贴近民生、深入日常的特

第五章 生态文化建设

点,成为提升公民生态意识的重要途径,能够在日常生活的点滴中播种环保的种子,收获良好的教育成果。生态文明社区教育的策略可精炼概括为以下几个方面:

第一,从实施主体和实施对象的角度分析。在教育实施主体层面,构建生态文明教育的长效机制依赖于政府、社区居委会、物业管理部门、社区居民及志愿者团体等多方力量的紧密协作。在启动阶段,政府需扮演核心角色,既要规划短期与中长期的生态文明教育蓝图,确保路径清晰可行,又要提供必要的财政支持,为教育活动的顺利开展奠定基础。社区居委会则应积极动员,组建志愿者团队与环保小分队,通过志愿服务的力量强化教育与实践的结合。物业部门则需在日常管理中融入生态理念,如维护宣传设施、绿化环境等,并开展专业培训,提升团队专业能力。社区居民作为双重身份——既是受教者也是教育者,应主动承担起教育责任,特别是党员群体,更应发挥模范带头作用,引领社区生态文明风尚。就教育实施对象而言,生态文明教育倡导全员参与,覆盖社区内的每一个成员。鉴于教育对象具有多样性和层次性,教育策略需因人而异。对于儿童和青少年,应抓住其可塑性强的特点,通过社区教育培养其生态文明意识与行为习惯,使之成为未来生态文明建设的主力军。而对于老年人群体,则需关注其思想观念转变与参与意愿的激发,利用他们充裕的时间与对社区活动的热情,引导其成为生态维护的积极参与者。

第二,从生态教育内容的角度分析。在推进生态文明社区教育的过程中,需致力于生态科学知识的广泛传播,同时深化居民对生态道德、生态伦理及生态价值的理解与认同,积极倡导并实践健康、文明、低碳的生活方式。首先,通过多元化的宣传与教育手段,普及适度消费、生态居住、休闲文化等前沿生态理念,使居民不仅掌握环境科学的基础知识,更能深刻理解生态环境对人类社会的深远影响及价值所在。需揭示不当行为对生态的破坏后果,增强居民的环保意识。此外,还应普及《环境保护法》等相关法律法规,提升居民的法律素养,确保环保行为有法可依。其次,强化生态道德教育,将其作为公民道德教育的重要组成部分。鉴于当前环境问题的根源部分归因于公民生态道德水平的不足,社区应创新教育模式,积极培育居民的生态价值观与人文精神。通过教育,引导居民认识并主动承担生态环境道德责任，将这一理念内化于心，外化于行，自觉遵循生态文明的行为准则与道德规范，形成良好的生态道德实践习惯。最后，倡导并推广文明、科学、低碳的生活方式，鼓励居民在日常生活中实践适度消费与绿色生活。应引导居民摒弃"人类中心主义"的陈旧观念，转而树立与自然和谐共生的新观念，共同构建生态文明社区。通过持续的教育与宣传，帮助居民树立正确的生态观，使生态文明理念深入人心，成为指导日常行为的自觉准则。

第六章　生态治理能力提升与数字系统构建

随着全球环境问题的日益严峻和信息技术的飞速发展，运用新技术进行生态治理已成为当今社会不可回避的重大课题。传统的治理模式已难以满足复杂多变的生态环境需求，而数字化、智能化的技术手段则为生态治理提供了新的思路与解决方案。

第一节　生态治理的含义

一、生态治理的概念

生态治理是指政府组织、非政府环境组织、企业组织和公民个人为了保护自然环境而自觉付出努力或进行集体合作，以解决环境污染问题并预防生态危机的发生，使得全社会拥有健康、美丽的生产、生活环境。[①]在当前全球生态环境面临严峻挑战的背景下，世界各国和地区必须达成共识，共同致力于生态环境的保护与治理工作，以推动人与自然和谐共生的可持续发展。

二、生态治理的提出

大自然，这个浩瀚无垠的宝库，蕴藏着丰富多样的资源，自古以来便是人类生存与进步不可或缺的基石。从远古的原始文明，人类初尝自然之馈赠，依赖其恩赐狩猎采集；转至农业文明，人们学会驯化作物与动物，与自然和谐共生，开启了农耕时代的新篇章；随后，工业文明的浪潮席卷而来，人类利用科技的力量，更深入地挖掘自然的潜力，推动了社会生产力的飞跃；而今，步入生态文明的新纪元，人类开始反思与自然的关系，致力于构建人与自然和谐共生的美好未来。在这个过程中，大自然始终扮演着至关重要的角色，它不仅慷慨地提供了土地、水源、矿产、生物等自然资源，支撑着人类社会的持续发展，还以其独特的生态系统调节着气候，维护着地球的生命平衡。然而，随着人类文明的进步和人口的不断增长，对自然的改造与利用也达到了前所未有的程度，许多原本处于自然状态的环境逐渐被人类活动所影响，转变为人为干预下的新面貌。这种转变，既体现了人类智慧与力量的增长，也带来了对自然生态平衡的考验。因此，在追求发展的同时，如何更加尊重自然、保护自然，实现经济、社会与环境的协调可持续发展，成为全人类共同面临的课题。

在工业文明的光辉时代，科学技术的迅猛进步如同一股不可阻挡的洪流，引领着生产方式的深刻变革。机器轰鸣取代了往昔低效的手工劳作，极大地促进了社会生产力的飞跃式发展。这一转变不仅加速了工业化的进程，

[①] 孔令雪.生态文明视域下我国生态治理路径的优化研究［D］.南宁：广西师范学院，2018.

第六章　生态治理能力提升与数字系统构建

也深刻影响了人类与自然界的互动关系。在生产领域，为了满足工业化大生产的迫切需求，人类加大了对煤炭、石油、矿产、森林等自然资源的开采力度，这些资源如同工业的血液，滋养着现代工业体系的庞大身躯。然而，在追求生产效率与经济增长的同时，也伴随着一个不容忽视的副作用——大量工业废弃物的排放。这些废弃物如未经妥善处理，便肆意侵入自然环境，导致大气、水体、土壤遭受污染，环境质量急剧下降。与此同时，在消费端，随着生产力的提升和物质财富的积累，人们的消费能力得到了显著提升。燃气、水电等能源资源的消耗量急剧增加，成为现代生活不可或缺的一部分。然而，这背后也隐藏着资源过度消耗的问题。此外，生活节奏的加快和消费主义的盛行，使得生活垃圾的排放量急剧攀升，对城市环境和公共卫生构成了严峻挑战。在环境伦理层面，随着人类对自然界认知的不断深化，人们本应更加珍惜和尊重这份来之不易的自然馈赠。然而，遗憾的是，部分人在利益驱动下，对自然资源的掠夺变得更加肆无忌惮，忽视了自然生态系统的脆弱性和有限性。这种短视行为不仅损害了当代人的生存环境，更为子孙后代的福祉埋下了隐患。

上述那种以自然环境为代价换取经济短期增长的发展模式，无异于饮鸩止渴，最终将不可避免地引发自然环境的严重恶化，而这一切恶果的最终承担者，仍是人类自身。历史为我们提供了深刻的教训，如19世纪末的伦敦，因大气污染严重而被戏谑地称为"雾都"，这一称号不仅是对城市环境的讽刺，更是对人类忽视环境保护的警醒。幸运的是，伦敦政府及时醒悟，启动了长期而艰巨的生态环境修复工程，通过不懈努力，大气污染得到有效控制，环境状况逐步得到改善，伦敦再次焕发了生机。同样，在地球的另一端，美国也经历了类似的觉醒过程。20世纪60年代初，随着生态环境问题的日益凸显，美国社会开始深刻认识到生态环境破坏的严重后果及其对人类生存与发展的潜在威胁。为此，美国政府采取了一系列果断措施，加强环境保护立法，推进生态治理项目，这些努力不仅提升了公众的环境保护意识，也显著改善了美国的生态环境质量，为全球生态环境保护树立了典范。

自改革开放以来，我国踏上了经济高速发展的快车道，以惊人的速度跨越了西方国家历经数百年才完成的工业化进程。然而，这一非凡成就的背后，也有对环境保护的某种程度上的忽视，使得生态环境承受了前所未有的压力。大气、水体、土壤等环境要素遭受污染，成为制约可持续发展、影响民众身心健康的突出问题。

进入21世纪，特别是近年来，我国深刻反思过往发展路径，充分认识到环境保护对于国家长远发展和人民福祉的至关重要性。为此，国家层面密集出台了一系列环境保护的政策文件与具体措施，旨在从根本上扭转环境恶化趋势，推动生态文明建设。经过不懈努力，我国已在生态治理领域取得了显著成效，环境质量得到明显改善。

这一积极转变不仅是对历史教训的深刻汲取，更是对未来发展的科学规划。我们深知，只有坚持绿色发展理念，将环境保护融入经济社会发展全过程，才能实现人类与自然的和谐共生。因此，当前所取得的生态治理成果必须得到持续巩固和深化，通过不断创新环境治理模式、加强环境监管执法、提升公众环保意识等多措并举，确保生态环境质量持续改善，为子孙后代留下一个天蓝、地绿、山青、水秀的美好家园。

第二节　生态治理面临的主要问题及原因

一、生态治理面临的主要问题

（一）生态治理方式较为单一

长期以来，经济发展被置于优先地位，导致环境保护遭受忽视，环境承载压力逐渐逼近并超越自然界的自我恢复能力，进而引发生态环境的严重损害。面对现代社会的快速发展，传统单一的环境保护手段已显得力不从心，难以有效支撑起保护生态环境的重任。因此，探索并实施多元化、高效率的环境治理新模式与路径，已成为刻不容缓的迫切需求。

第六章　生态治理能力提升与数字系统构建

生态治理的初期，主要依赖于单一的行政命令式手段，然而这种方式在执行力上显得颇为薄弱。以美国为例，作为早期工业化的先驱，其工业化进程中的环境污染问题尤为严峻，甚至在全球知名的八大公害事件中，美国大气污染事件就占据了两席。面对严峻的环境挑战，美国开始将焦点转向环境治理，特别是大气污染的防治立法，但初期这些立法多局限于地方层面，难以全面应对国家层面的环境危机。彼时，美国政府倾向于采用"命令与控制"的监管模式，由联邦环保局设定统一的环境质量标准，对新建污染源实施严格管控，各州则须无条件遵循。这一强制性措施虽在一定程度上遏制了环境恶化趋势，但其高昂的执行成本却成为不容忽视的障碍，尤其对于经济处于快速发展阶段的国家，包括众多发展中国家在内，难以长期负担。此外，由于美国在该模式下设定的控制目标过于理想化，导致各州及地方政府面临巨大压力，反对声浪此起彼伏，执行效果大打折扣。鉴于此，国会不得不频繁修订相关法律，一再推迟制度的最终执行时间表，以寻求更加平衡与可行的解决方案。

（二）缺少与生态治理相关的法律政策

要解决生态环境问题，构建一套健全且强有力的法律制度是至关重要的。回顾历史，20世纪70年代之前，全球各国逐渐认识到生态环境保护的紧迫性，纷纷着手制定并实施了相关法律制度，这些措施在一定程度上遏制了环境破坏的蔓延，为地球家园争取了宝贵的喘息之机。然而，好景不长，随后全球经济萧条迫使各国将重心转向经济复苏与增长，环境保护的优先级在不少国家中不幸被边缘化。环境保护法律制度被搁置一旁，甚至遭到削弱，环境问题再次浮出水面，成为制约可持续发展的重大障碍。

在日本，这一趋势同样显著。随着经济的快速发展，原本旨在强化环境控制的政策开始受到挑战和动摇。一些原本因公众反对而暂停的大型基础设施项目，如濑户大桥和高速公路的建设，在权衡经济利益后得以重启，甚至为了项目顺利进行，连关键的二氧化氮环境标准也被大幅度放宽，这无疑为环境质量的恶化埋下了伏笔。1988年，日本对公害健康受害补偿制度进行了全面调整，但这一变革却伴随着大气污染控制措施的削弱——大气污染制定区的取消以及大气污染受害患者认定办法的终止，进一步加剧了大气污染问题。

面对日益严峻的环境形势，日本民众的不满情绪迅速累积，反对公害的声浪此起彼伏，最终汇聚成一场规模空前的全国性运动。这场运动不仅是对环境恶化现状的强烈抗议，更是对政府环境保护政策失效的严厉批判。在民众的强烈诉求和社会舆论的巨大压力下，日本政府不得不重新审视其环境政策，并做出了重大调整。

1968年，日本政府颁布了具有里程碑意义的《大气污染防治法》，这是日本环境保护历史上的第一部专门性法律，标志着日本在环境保护领域迈出了坚实的一步。此后，日本政府又相继出台了一系列环境保护法律法规，涵盖了水、土壤、噪声、废弃物等多个方面，构建起了一个相对完善的环境保护法律体系。这些法律的实施，为日本的环境治理提供了强有力的法律保障，有效地遏制了环境污染的蔓延，为日本乃至全球的生态环境保护事业树立了典范。

（三）国际间的交流与合作较少

在当今全球一体化日益加深的时代背景下，生态治理的紧迫性和复杂性前所未有地凸显出来，它超越了国界与地域的限制，成为全人类共同面临的重大挑战。这一问题的解决，绝非单一国家能够独力承担，而是需要全球各国及地区携手并进，通过紧密的合作与交流，共同绘制出一幅生态治理的宏伟蓝图，以实现地球家园的可持续发展。

随着全球化的深入发展，生态问题已不再局限于某一国或某一地区，而是呈现出高度的关联性和全球性。水体污染、气候变化、生物多样性丧失等生态危机，如同一张错综复杂的网络，将世界各国的命运紧紧相连。一旦某个地区的生态环境遭受破坏，其影响往往会迅速跨越国界，波及全球，给人类社会的生存和发展带来深远而广泛的威胁。因此，面对生态治理这一全球性议题，必须摒弃狭隘的国家利益观，树立全球视野和整体意识，将生态治理视为全人类共同的责任和使命。然而，当前全球生态治理的现状却不容乐观。各国在生态治理方面往往各自为政，缺乏有效的沟通与协作机制，导致

第六章　生态治理能力提升与数字系统构建

治理效果大打折扣。这种"碎片化"的治理模式不仅难以应对复杂多变的生态环境问题，还可能加剧国际间的矛盾和冲突。因此，推动全球生态治理合作与交流，构建更加紧密的国际合作网络，已成为当务之急。

实践证明，以牺牲环境为代价换取的经济增长是短视且不可持续的。环境破坏所带来的长远影响，远远超出了短期经济收益所能弥补的范畴。因此，各国应摒弃"先污染后治理"的老路，转而寻求绿色、低碳、循环的发展模式。同时，加强国际合作与交流，共同探索环境治理的新思路、新方法，是实现这一目标的重要途径。

未来，全球生态治理需要各国政府、国际组织、非政府组织以及社会各界的广泛参与和共同努力。通过加强政策对话、技术合作、信息共享和资金支持等方面的合作，推动形成全球生态治理的合力。同时，还应加强公众教育和意识提升工作，激发全社会参与生态治理的热情和动力。只有这样，我们才能共同应对生态挑战，守护好这个唯一的地球家园。

（四）没有处理好生态治理与经济发展之间的关系

生态保护与经济发展，长久以来被视为一对相辅相成的双刃剑，其间的平衡艺术成为各国及地区在推进生态文明建设与经济可持续发展中不可回避的核心议题。如何精妙地调和这对矛盾，直接关乎国家或地区能否在环境保护与经济增长之间找到双赢的路径，进而奠定长远繁荣的基石。

历史与实践的深刻教训揭示了一个不争的事实：生态环境的保护与社会经济的发展并非零和博弈，而是相互促进、缺一不可的共生关系。一方面，良好的生态环境是经济社会可持续发展的生命线，它为经济增长提供了宝贵的自然资源和清洁的环境基础，是支撑人类活动不可或缺的基石。没有生态的保障，经济发展就如同无源之水、无本之木，难以持久。另一方面，社会经济的稳步发展也是生态环境保护不可或缺的动力源泉。经济的繁荣能够带来更多的资源投入和技术创新，为环境治理和生态保护提供坚实的物质基础和技术支撑。同时，随着经济发展水平的提升，公众对良好生态环境的需求日益增长，这也促使政府和社会各界更加重视并加大对环保工作的投入力度。

长期以来，受限于历史认知的局限与知识体系的不足，人类在探索经济、社会与生态三者和谐共生的道路上遭遇了显著挑战。人们往往未能以长远和全局的视野来审视并妥善平衡这三者之间的关系，缺乏深入贯彻可持续发展理念的自觉行动。这种短视行为集中体现在对经济发展的盲目追求上，而忽视了环境保护的重要性，从而引发了一系列严峻的环境问题。具体而言，农业生产领域的农药和化肥过量施用，地膜的回收不彻底，不仅削弱了土壤肥力，造成了土地污染，破坏了生态平衡，还通过食物链累积危害了人类健康；工业生产的快速发展则伴随着废水、废气、废渣的肆意排放，严重污染了大气、水源和土壤，对环境造成了难以逆转的损害；城市化进程的加速，则使得生活污水、固体废弃物等处理成为难题，加剧了城市环境压力，影响了居民生活质量。这些问题不仅直接威胁到民众的日常生活和身体健康，更从深层次上制约了经济社会的持续健康发展。

随着现代社会经济的迅猛推进，生态环境危机愈发凸显，其根源深植于人类发展策略的失衡之中。具体而言，是人类未能妥善协调经济发展与生态保护之间的微妙平衡，过分沉迷于短期经济增速的追逐，而忽视了环境保护的紧迫性，导致长期利益与短期利益、全局利益与局部利益之间出现了深刻的矛盾与冲突。

自然界赋予的生态资源，本是地球生命的宝贵财富，却常被误认为是无限可取的源泉。然而，事实告诉我们，这些资源终有枯竭之日，而人类对此却缺乏足够的警醒与行动，一味地开采利用，却忽略了后续的维护与恢复，从而对生态环境造成了难以估量的伤害。

无数实践案例以铁证如山的方式证明，那种以牺牲生态环境为代价，换取短暂经济繁荣的做法，无异于饮鸩止渴，最终将自食其果。要实现人类社会的长远发展，必须深刻认识到，经济发展与生态环境之间存在着不可分割的共生关系。良好的生态环境是经济发展的基石，为经济的持续增长提供了必要的资源支撑和生态保障；而经济的健康发展，又能够反哺生态环境，促进资源的合理利用与环境的持续改善。因此，必须摒弃那种"先污染后治理"的陈旧观念，转而追求经济、社会与生态的和谐共生。在经济发展的过程中，应始终坚持绿色、低碳、循环的发展理念，注重生态环境的保护与修复，确保经济发展与环境保护同步推进、相互促进。

第六章　生态治理能力提升与数字系统构建

自工业革命浪潮席卷全球以来，人类对经济增长的单一追求成为推动社会进步的同时，也引发了自然资源过度消耗与生态平衡的严重失衡，这场世界性的生态危机如同一道阴影，深刻影响着人类社会的可持续发展路径。巴西热带雨林，这一自然界的瑰宝，以其丰沛的降水、终年高温湿润的气候孕育了无与伦比的生物多样性，亚马孙雨林内生物种类之繁多，堪称地球上最丰富的生物基因库之一。然而，这片生机勃勃的绿洲实则脆弱不堪，数百万种生命紧紧依附于这片狭小的空间，一旦其生态环境遭受破坏，整个生态系统乃至众多物种的生存都将面临灭顶之灾。

遗憾的是，自1964年巴西经历军事政变后，国家发展策略发生了显著变化，为追求快速的社会经济增长，政府不惜以牺牲热带雨林为代价，开启了大规模的森林资源开发进程。水力发电项目的上马，本意是缓解能源短缺、促进发展，但实施过程中却忽视了环境保护的重要性，仓促建设的大坝不仅未能有效利用资源，反而因水土流失等问题迅速陷入困境，加剧了环境恶化。同时，20世纪中期巴西对黄金与铁矿石的大规模开采，更是对自然环境造成了不可逆转的损害。特别是采金过程中广泛使用汞作为提炼剂，直接导致周边河流生态系统遭受重创，鱼类大量死亡，水质急剧恶化，生态系统平衡被彻底打破。这一系列短视行为，非但没有为巴西带来持久的经济繁荣，反而埋下了环境危机与社会发展瓶颈的隐患。

（五）存在着大量的先污染后治理的情况

在工业文明高歌猛进的浪潮中，人类社会经历了前所未有的经济增长与科技进步，然而，这一辉煌成就的背后，却隐藏着对自然环境的深刻伤害。一味追求经济指标的攀升，忽视了生态平衡的维护，导致了一系列触目惊心的生态环境问题，诸如能源枯竭的危机、大气与水源的严重污染、生物多样性的急剧下降等，这些问题如同阴霾般笼罩在地球之上，不断提醒我们：经济发展与环境保护并非零和博弈，而是需要和谐共生的两大命题。

"先污染后治理"这一曾经被部分国家和地区视为发展捷径的模式，如今已被广泛认定为短视且不可持续。它如同一场对自然资源的掠夺式开发，短期内或许能带来经济上的快速增长，但长远来看，却是对未来世代生存权利的严重透支。大量案例和研究表明，环境污染与经济发展之间确实存在一种复杂的倒U型曲线关系，即"环境库兹涅茨曲线"，揭示了随着经济的增长，环境污染会先升后降的趋势。然而，这一曲线的下降段并非自动实现，而是需要政府、企业和公众共同努力，通过政策引导、技术创新和社会行为改变等多重手段来推动。

遗憾的是，时至今日，仍有许多国家，特别是发展中国家，因受限于经济发展水平和认知局限，继续沿用"先污染后治理"的老路。他们往往将经济发展视为首要任务，认为生态资源不过是服务于经济发展的工具，待经济腾飞后再来弥补环境创伤也不迟。然而，历史的教训是惨痛的：生态环境的破坏一旦超出自然恢复能力的阈值，其修复过程将异常艰难且成本高昂，甚至可能永远无法完全恢复。

二、生态治理面临问题的原因

（一）经济发展模式的固有缺陷

长期以来，以GDP增长为核心的传统经济发展模式，其根深蒂固的影响深远地塑造了全球经济格局，但这种模式在追求经济总量扩张的同时，却不可避免地忽视了经济发展的质量与可持续性。这种单一维度的增长导向，促使各国竞相追逐经济数字的攀升，却往往以牺牲环境、资源和未来为代价。在这种模式下，资源的开采和利用变得无度，环境承载能力遭受前所未有的压力，生态系统在持续的破坏中逐渐失衡，最终形成了一个难以逆转的"高投入、高消耗、高排放、低效益"的恶性循环。近年来，随着环境问题的日益严峻和可持续发展理念的深入人心，越来越多的国家和地区开始意识到传统经济发展模式的弊端，并尝试向绿色、低碳、循环的经济发展模式转型。然而，这一转型过程并非一蹴而就，而是充满了挑战和困难。传统模式的惯性依然巨大，既得利益者的阻挠、技术创新的难度、资金投入的不足以及政策制定的滞后等因素都制约了转型的进程。

（二）认知观念的滞后与短视

人类对自然环境的认知，自古以来便是一个随着时代变迁而不断演进、逐步深化的过程。在历史的长河中，人类社会的每一次飞跃都伴随着对自然界认知的拓展与深化，但这一过程并非一帆风顺，而是充满了曲折与挑战。

在过去相当长的一段时间里，由于科技水平的限制、社会制度的制约以及人类自身认知的局限性，人类往往将自己置于自然界的中心位置，视自己为万物之灵，对自然资源进行无节制的开发和利用。这种"人类中心主义"的认知观念，使得人类忽视了自然界的内在规律和生态系统的复杂性与脆弱性，错误地认为自然资源是取之不尽、用之不竭的。在这种观念的驱使下，人类不断地向自然索取，导致了森林的砍伐、河流的污染、矿产的枯竭等一系列生态环境问题，严重破坏了自然界的平衡与和谐。

更为严重的是，部分国家和地区在追求经济发展的过程中，过于急功近利，将经济增长视为唯一的目标，而忽视了环境保护的长期价值。他们采取"先污染后治理"的短视思维，认为只要经济发展了，环境问题就可以通过后续的技术手段来解决。然而，这种认知观念的滞后与短视，不仅加剧了生态环境的恶化，还使得生态治理的难度和成本大大增加。因为一旦生态系统受到严重破坏，其恢复和重建往往需要数十年甚至上百年的时间，而且往往难以恢复到原有的状态。因此，这种"人类中心主义"的认知观念以及"先污染后治理"的短视思维，成为生态治理面临的重要障碍之一。

（三）技术水平的限制与不足

生态治理作为维护地球生态平衡、促进可持续发展的重要手段，其深入实施与成效展现，深刻依赖于科技的持续支持与强劲推动。然而，在当前全球环境治理与生态修复的广阔舞台上，技术领域的局限性与不足仍是不可忽视的瓶颈问题。从技术创新的角度看，尽管科技日新月异，但在环境治理与生态修复的关键技术领域，仍有许多难题亟待攻克。高效节能技术，作为减少能源消耗、缓解资源压力的重要工具，其研发与应用尚未达到全面普及与深度优化的程度，限制了能源利用效率的进一步提升。清洁能源技术，作为替代传统化石能源、减少温室气体排放的关键所在，同样面临着技术成熟度、成本效益比等方面的挑战，尚未能完全满足大规模商业化应用的需求。此外，污染控制技术，作为直接针对环境污染源进行治理的关键手段，其高效性、稳定性及适应性等方面仍有待加强，以应对日益复杂多变的环境污染问题。另外，技术的普及与应用也面临着诸多现实障碍。技术成本高，往往使得一些中小企业及欠发达地区难以承担，从而限制了先进技术在更广泛范围内的推广与应用。推广难度大，则体现在技术普及过程中需要克服的种种困难，如政策配套不完善、市场接受度低、用户认知不足等。而人才短缺问题，更是制约技术发展的关键因素之一。在环境治理与生态修复领域，既需要掌握先进科技知识的专业人才，也需要具备丰富实践经验的复合型人才，而当前的人才储备与培养体系尚难以满足这一需求。技术水平的限制与不足，直接影响了生态治理的效果与进程。

（四）制度体系的缺陷与不完善

完善的制度体系，作为生态治理的坚固基石与重要保障，其健全与否直接关乎环境治理的成效与可持续性。然而，当前在环境保护与生态治理领域，制度体系的建设仍显滞后，存在诸多亟待解决的缺陷与不完善之处。

首先，法律法规作为制度体系的核心组成部分，其制定与执行的严格性直接关乎环境保护的力度与效果。然而，现实中部分法律法规的制定过程缺乏充分的科学论证与公众参与，导致其内容存在漏洞与空白，难以全面覆盖所有环境问题。同时，在执行层面，由于执法力度不够、监管不严等原因，一些环境违法行为得不到及时有效的惩处，从而助长了违法者的嚣张气焰，削弱了法律的威慑力。

其次，环境监管体系作为保障法律法规实施的关键环节，其健全程度直接影响到环境保护的效果。然而，当前环境监管体系仍存在诸多不足，如监管能力不足、技术手段落后、信息不透明等。这些问题导致监管部门难以及时准确地掌握环境状况，难以有效遏制环境违法行为的发生。此外，监管体系内部还存在职责不清、协调不畅等问题，影响了监管效率与效果。

最后，生态补偿机制、公众参与机制等制度设计也尚待完善。生态补偿机制作为平衡经济发展与环境保护的重要手段,其缺失或不完善将难以激励社会各界积极参与生态保护活动。而公众参与机制则是实现环境治理民主化、科学化的重要途径,其不健全将限制公众在环境治理中的知情权、参与权与监督权,影响环境治理的成效与公信力。

总之,制度体系的缺陷与不完善已成为生态治理推进过程中的重要障碍。

第三节 全球生态治理的经验

一、全球生态治理的共识

(一)生态问题危害人类健康,造成生态危机

1.生态问题严重威胁到人类的健康

长期的、无节制的生态环境破坏,如同一把无形的利刃,悄然间割裂了地球生态系统的和谐与平衡,导致整个系统陷入功能失调的深渊,进而引发了前所未有的生态危机。这一危机不仅是对自然界的警示,更是对人类自身生存与发展能力的严峻考验。生态环境作为人类赖以生存的基础,其重要性不言而喻,一旦遭受重创,其连锁反应将直接威胁到人类社会的每一个角落,尤其是人类健康。

回顾人类历史的长河,生态问题所带来的灾难性后果,犹如一幅幅触目惊心的画卷,让人无法忽视。1930年12月1日的比利时"马斯河谷烟雾事件",便是其中一例。这场突如其来的灾难,由于马斯河谷工业区内13个工厂排放的废气在河谷地区积聚不散,形成了浓厚的烟雾,导致当地居民出现流泪声嘶、咽痛咳嗽、恶心呕吐、胸闷胸疼、呼吸困难等症状,最终一个星

期内造成63人不幸丧生。这一事件不仅震惊了世界，也敲响了生态保护的警钟。而后的岁月里，类似的悲剧仍在不断上演。从1952年开始，英国伦敦连续遭受了数十次烟雾事件的侵袭。这些事件中，大气中的污染物浓度急剧上升，严重污染了大气环境，导致许多人患上呼吸系统疾病，甚至因此丧命。据统计，这些烟雾事件最终造成了超过12000人的死亡，成为人类历史上最为惨痛的生态灾难之一。此外，日本在20世纪中叶也遭遇了严重的生态问题——"水俣病"。这种疾病是由于工业废水中的汞元素排入河流，进而污染了水源和食物链，导致当地居民长期摄入含汞物质而引发的。患者初期会出现手脚麻木、口齿不清等症状，随着病情恶化，最终会全身痉挛而死亡。截至2006年，已有数千人被确诊患有水俣病，其中大部分患者已经离世。这一事件不仅给受害者及其家庭带来了无尽的痛苦，也再次提醒人们生态问题的严重性和紧迫性。这些历史教训深刻地告诉我们，生态问题绝非遥不可及的概念，而是直接关系到人类健康与生存的重大问题。

2.生态问题给自然环境造成了巨大伤害

自然环境作为人类社会存续与进步的基石，其完整与健康直接关系到人类能否正常生长、发育及繁衍后代。然而，自工业文明兴起以来，人类活动对环境的侵袭日益加剧，酿成了诸多生态危机，对人类健康构成了严峻挑战。

20世纪60年代初，美国杰出的生物学家蕾切尔·卡逊以其震撼人心的作品《寂静的春天》，深刻揭示了化学农药滥用的恶果。这部著作犹如一面镜子，映照出从陆地到海洋，乃至天空，生态系统因化学物质过度使用而遭受的广泛而深刻的伤害，引起了全球范围内的广泛关注与反思。

时至今日，环境问题依旧严峻。每年，大片森林在无知与贪婪的驱使下被无情砍伐，森林的消逝不仅加剧了温室效应，还导致了严重的水土流失，清澈的河流被各类污染物侵蚀，水生生物大量减少，地球生态系统的平衡岌岌可危。同时，为了追求经济的高速发展，人类对各类自然资源的开采近乎疯狂，矿产资源、石油、天然气及水资源等被无度攫取，远远超出了自然界的自我净化和恢复能力。

这些行为，如同向自然母亲发起的无情挑战，最终引发了自然界的"反噬"。温室效应导致的全球变暖、沙尘暴的肆虐、干旱的频发、洪水肆

第六章　生态治理能力提升与数字系统构建

虐……这些都是大自然对人类过度索取与破坏行为的深刻回应与警告。它们提醒我们，尊重自然、保护生态，是人类必须恪守的生存法则，否则，我们将不得不面对自然更加严厉的"报复"。

3.生态问题危及子孙后代的生存和发展

大量事实已清晰表明，生态问题正深刻地制约着人类的健康与福祉，对人类社会的长远发展构成了严峻挑战。为实现人类社会的持续繁荣与进步，必须深刻反思并转变现有的发展模式，转而追求人与自然、社会之间的和谐共生。

人类的每一步发展都深深根植于生态资源的沃土之中，但这份馈赠并非取之不尽、用之不竭。在开发与利用生态资源时，必须树立全局观念，深谋远虑，审慎评估当前行为对未来世代的潜在影响。遗憾的是，过往的历史中，人类对生态资源的索取往往超出了自然界的承载极限，这种无节制的开发模式不仅削弱了生物多样性这一地球生命的基石，还导致了生态环境的急剧恶化，为后代子孙的发展设置了重重障碍，严重阻碍了人类社会的可持续发展。

（二）生态环境的治理需要全球各个国家的共同参与

1.生态治理是全球各国的责任和义务，需要国际社会的共同努力

随着全球化步伐的加速推进，全球范围内的生态问题愈发严峻，成为制约各国可持续发展的共同挑战。面对这一形势，唯有全球各国携手并进，方能有效缓解生态危机，守护我们共有的地球家园。

《联合国人类环境宣言》深刻洞察到，环境问题无国界，其影响跨越国界，深刻关联着每一个国家的发展命运。该宣言强调，唯有通过国与国之间的广泛合作与协同努力，方能汇聚起治理环境的磅礴力量，实现环境改善与保护的长远目标。

因此，全球生态治理绝非某一国或少数国家的责任，而是各国共同的责任与使命。世界各国应当秉持团结合作的精神，超越国界与意识形态的差异，建立起平等互助的伙伴关系。在这一框架下，各国应当携手制定并执行环境治理的全球性战略，共同参与到全球环境治理的行动中来。具体而言，

这要求各国在资源分配、技术转移、能力建设等方面加强合作与交流，共同推动绿色、低碳、循环的发展模式。同时，各国还应加强环境法规的制定与执行，确保各自国内的环保政策与国际标准相衔接，为全球环境治理贡献自己的力量。

2.世界各国应积极合作，共同采取行动

当前，全球正面临着前所未有的生态危机，其严峻性已不容忽视，这迫切要求世界各国跨越国界，加强彼此间的深度合作与整体协调，以有效遏制污染物的跨国转移，共同守护地球这一脆弱而宝贵的生命共同体。正如丹尼尔·科尔曼所深刻指出的那样，面对生态治理这一宏大课题，人类必须摒弃狭隘的视野，转而拥抱一种胸怀全球、高瞻远瞩的思考方式。这意味着我们需要树立起环保的严正性与完整性观念，将环境保护视为全人类共同的责任与使命，而非局限于某一国家或地区的局部利益。

为了实现这一目标，必须从根本上改变那些长期存在于公共政策和公民行为中的碎片化、短视化的思维方式。这种思维方式往往导致在面对生态问题时，只见树木不见森林，难以形成全面、系统的解决方案。因此，各国政府、国际组织以及社会各界都应积极行动起来，通过加强对话、交流与合作，共同探索出一条符合全球生态治理要求的新路径。

生态问题，其本质是全球性的，它不分国界、种族或文化，是所有人类共同面临的挑战。任何单一国家或地区都无法独善其身，唯有通过全球范围内的紧密合作与共同努力，才能找到解决问题的根本之道。令人欣慰的是，当前全球各国已经意识到这一点，并纷纷迈出了全球生态治理合作的坚实步伐。

在这一进程中，各国政府不仅加强了彼此之间的沟通与协调，还积极寻求在环保法律、政策、技术等方面的合作与共享。它们通过主动通气、征求意见，共同制定并执行一系列旨在保护环境的国际协议与标准，为全球生态治理提供了坚实的制度保障。同时，各国还加强了相互之间的监督与评估机制，确保各项环保措施得到有效落实与执行。此外，随着全球公民环保意识的不断提升，越来越多的个人和组织也积极参与到全球生态治理的行动中来。他们通过倡导绿色生活、推广环保技术、参与环保公益活动等方式，为改善地球环境贡献着自己的力量。

第六章　生态治理能力提升与数字系统构建

3.生态治理应以人为本，注重人与自然的和谐发展

在全球生态治理的宏伟蓝图中，坚持以人为本的核心价值观至关重要。这意味着必须深刻认识并妥善处理好人与自然之间的微妙平衡，确保发展路径既满足人类需求，又尊重自然规律，从而推动人与自然、经济、社会三者之间的和谐共生。

在推动经济建设的同时，生态环境保护应被视为同等重要的任务，作为经济发展的内在要求和必要条件。这要求追求经济增长的过程中，采取科学、合理的开发方式，确保经济活动不以牺牲环境为代价。通过实施严格的环保措施和监管机制，确保经济和社会状况的改善与生态环境的保护形成良性循环，实现经济发展与生态保护的双赢局面。

为了实现这一目标，国际合作不可或缺。各国应秉持开放、包容、共赢的精神，加强在可持续发展领域的对话与合作，共同制定并执行有利于全球生态治理的政策和措施。特别是要将可持续发展战略深度融入各自的国民经济和社会发展长远规划中，使其成为指导国家发展方向的重要指南。

总之，全球生态治理是一项系统工程，需要以新的发展理念指引，统筹兼顾经济社会与生态环境的协调发展。

（三）生态治理需要采取综合措施

全球生态治理展现出两大鲜明特征：其一，生态议题已广泛渗透至人类生活的各个层面，随着全球化的深入发展，生态治理日益凸显其跨国界合作的必要性，成为全球性议题。其二，生态问题作为全球性挑战，不分国界地影响着每一个国家和地区，迫切要求各国加强合作，共同实施综合性策略以应对。历史经验充分证明，只要全球各国充分认识到生态治理的紧迫性，不断优化治理方法，深化国际合作，便能有效促进人与自然、经济发展与生态保护之间的和谐共生与可持续发展。为实现生态治理的宏伟目标，需采取一系列综合而灵活的政策措施。

第一，坚持预防优先原则。摒弃"先污染后治理"的旧有模式，转而注重从源头上预防生态破坏，提前布局环境保护与生态治理工作，通过前置性防范措施，将潜在的环境污染控制在可承受范围内。

第二，强化法律手段的运用。环境立法与生态立法是生态治理不可或缺的重要支柱，为全球生态治理目标的实现提供坚实法律保障。因此，加强相关法律的制定与完善，确保法律的有效执行与监督，对于推动全球生态治理具有重要意义。

第三，探索并应用市场激励机制。创新性地利用税收、补贴等市场手段，引导企业和个人积极参与生态治理，形成政府、市场、社会多元共治的良好格局。

第四，依托科技进步助力生态治理。现代科技的飞速发展为生态治理提供了强大支撑，应充分利用先进环保技术，优化生产流程，提高资源利用效率，减少污染物排放，实现经济发展与环境保护的双赢。需强调的是，生态治理是一项系统工程，需综合施策，平衡好生态环境保护与经济发展之间的关系。在推动经济社会发展的同时，必须将生态问题置于优先地位，以可持续发展的理念为引领，确保经济社会发展与生态保护相协调、相促进。

二、全球生态治理的宝贵经验

（一）树立正确的生态观，提高人民的生态意识

随着生态环境问题的日益凸显，人们逐渐意识到自身并非自然界的主宰者，而是自然生态系统中不可或缺的一部分。人类与自然的关系并非主从对立，而是相互依存、共同发展的伙伴关系。为有效应对和解决生态环境问题，推动环境保护事业的发展，我们必须转变传统观念，摒弃人类中心主义的价值取向，确立生态文明建设的新理念，科学处理人与自然的关系。在推进自然改造的过程中，必须遵循自然规律，确保所有行动在实施前充分评估对生态系统平衡的潜在影响，以避免对自然界的破坏。

在应对生态危机的严峻挑战中，全体人民必须积极投身其中，助力公众树立坚定的生态保护意识，切实做好生态问题的预防与治理工作。为实现这一目标，必须在日常生活中不断强化生态教育。生态教育的深入开展，能够

普及生态保护的丰富知识，使广大群众深刻理解生态系统平衡对人类社会发展的重大意义。[1]通过生态教育，引导人们树立热爱自然、与自然和谐共生的伦理观念，帮助公众确立正确的生态保护道德行为规范。

通过深入开展生态教育和广泛宣传，有助于引导人民群众树立科学的生态价值观。这一价值观的核心内容涵盖以下要点：首先，人类并非自然界的主宰者，而是自然界的组成部分，人类的可持续发展必须建立在自然生态平衡的基础之上；其次，经济发展应视为生态系统的一个子系统，绝不能以牺牲生态系统的健康为代价来追求经济增长；再次，必须妥善处理和维护地球生态与资源之间的协调关系；最后，增长与发展并非等同，应坚持走人与自然和谐共生的发展道路。这些科学的生态价值观和理念，已经成为世界各国和地区人民的普遍共识，人民群众的生态环境保护意识显著增强。

（二）加强国际间的交流与合作

生态危机作为一个全球性议题，已跨越国界，成为各国共同面临的挑战，其普遍性要求全球范围内的协同应对。这一危机不仅关乎特定国家或地区的福祉，而是直接威胁到地球生态系统的整体稳定与可持续发展，因此，全球生态治理的紧迫性和重要性不言而喻。

在此背景下，全球环境治理的体系逐步构建并趋于制度化，以联合国为核心的多边机构扮演着关键角色，通过制定政策、推动国际合作，引领全球环境治理的方向。这一过程超越了单一国家或个人的能力范畴，强调集体行动的力量，旨在实现环境保护与可持续发展的全球共识。

与此同时，国际合作机制在环境保护领域日益成熟，各国政府、国际组织及非国家行为体（如非政府组织）之间的合作日益紧密，形成了多层次、宽领域的环境保护网络。非政府环境保护组织的兴起，更是这一趋势的生动体现，它们凭借灵活高效的运作方式、广泛的公众参与基础，在推动环境政策创新、监督环境政策执行、提升公众环保意识等方面发挥了不可替代的

---

[1] 王宝亮.生态危机的全球治理问题研究［D］.北京：中共中央党校，2017.

作用。

近年来,一系列具有里程碑意义的国际环境协议相继问世并付诸实施,如《联合国气候变化框架公约》《京都议定书》《巴厘岛路线图》及《哥本哈根协议》等,这些协议不仅为全球生态治理提供了法律框架和行动指南,也标志着全球环境治理体系的不断完善和深化。它们的制定与实施,凝聚了国际社会对于应对生态危机、促进绿色发展的广泛共识与坚定决心。

(三)积极推动低碳经济

低碳经济作为一种旨在通过提升能源利用效率与探索清洁能源应用,进而形成低能耗、低污染、低排放的经济发展新范式,其要求高于循环经济,对资源环境的友好性更为显著,是现代社会推动生态平衡、促进从工业文明向生态文明转型的关键举措。这一模式的兴起,不仅加速了全球经济结构的绿色转型,更成为各国战略规划中的核心要素,引领着世界经济的新一轮增长浪潮。

在全球范围内,低碳经济战略已被广泛采纳为重要发展路径。英国自2003年起便着手布局低碳经济,并于2008年通过《气候变化法案》强化法律支撑;日本紧随其后,于2007年推出《低碳社会行动计划》与《21世纪环境立国战略》;美国同年提出《低碳经济法案》,结合绿色经济与新能源战略,共同推进生态治理进程。这些举措不仅彰显了各国对于应对气候变化、促进可持续发展的坚定决心,也为全球经济注入了新的活力与增长点。

低碳经济在发达国家的先行实践中取得了初步成效,它不仅注重经济发展与节能减排的双重目标,还兼顾了发展中国家的发展权益,为国际间合作开辟了新途径。这一模式的推广,正悄然改变着全球产业结构与民众生活方式,引领着世界经济向更加绿色、低碳的方向迈进。

随着清洁技术的不断突破与产业化的加速推进,金融资本对清洁产业的支持力度显著提升,催生了清洁产业金融的兴起。同时,为有效降低减排成本,碳交易制度(即碳金融)在全球范围内日益普及,成为推动低碳经济的重要市场机制。然而,气候变化引发的极端天气事件频发,也对保险业提出了更高要求,碳保险领域面临新的挑战。此外,碳关税与碳泄漏问题复杂交

第六章 生态治理能力提升与数字系统构建

织,虽在降低全球碳排放上作用有限,但欧盟边境调节税的加速推进已对国际贸易格局产生深远影响,预示着全球贸易体系的潜在变革。

面对生态危机的严峻挑战,全球各国与地区虽已付出诸多努力并取得一定成效,但危机仍未彻底解除。因此,未来仍需我们持续不懈地努力,深化国际合作,共同探索更加高效、可持续的低碳发展路径,以应对气候变化、保护地球家园。

(四)充分利用现代科学技术治理环境污染

时至今日,科学技术以前所未有的速度蓬勃发展,其影响力深远且多面,既带来了显著的利益,也不可避免地伴随着一些挑战。然而,从整体视角审视,科技进步对社会的正面效应远超过其潜在的负面影响。鉴于此,在生态治理的宏伟蓝图中,应积极拥抱并充分利用现代科技的最新成果,作为对抗环境污染、守护地球生态的强有力工具。

这一过程中,至关重要的是以生态意识为引领,对科技发展进行深刻的再评估,确保科技创新的每一步都服务于生态保护与可持续发展的崇高目标。应倡导并实践一种科技发展的新模式,即优先研究与推广那些能够促进生态平衡、支撑人类社会长期繁荣的科技成果。

具体而言,科技的力量在生态治理中展现得淋漓尽致。例如,通过先进的垃圾处理技术,如垃圾焚烧发电,实现了废弃物的资源化利用,既减少了环境污染,又提高了能源利用效率;高科技材料科学的进步,则提供了传统能源的环保替代品,有效缓解了能源危机,推动了能源结构的绿色转型;此外,高科技手段在环境治理中的广泛应用,如精准监测污染源、高效净化水体与空气等,更是为打赢污染防治攻坚战提供了坚实的技术支撑。

综上所述,无数实践与成功案例无可辩驳地证明了科学技术在环境污染治理中的核心作用与不可替代的价值。未来,应继续深化科技创新与生态治理的融合,让科技之光照亮绿色发展的道路,共同守护这个唯一的地球家园。

第四节 生态治理能力提升对策

一、尊崇自然、绿色发展的生态观

"尊崇自然、绿色发展"是我国多年来生态治理所得出的一个重要经验。习近平总书记强调"我们要解决好工业文明带来的矛盾,以人与自然和谐相处为目标","牢固树立尊重自然、顺应自然、保护自然的意识,坚持走绿色、低碳、循环、可持续发展之路"。

首先,在推进生态文明建设的过程中,我们必须确立尊重自然、顺应自然、保护自然的理念。人类若要实现可持续发展,必须守护赖以生存的地球家园。保护地球并非单一国家之责,而是需要国际社会各国和地区携手合作、共同努力。世界各国应共同秉持"尊重自然、顺应自然、保护自然"的理念,促进人与自然和谐共生。唯有构建并巩固这一理念,人类方能有望实现与自然界的和谐共存,为未来发展开辟广阔空间。[1]

其次,坚定不移地走绿色发展道路,不仅是时代赋予我们的使命,更是实现自然与社会和谐共生的关键路径。绿色发展理念,作为近年来我国提出的核心理念之一,深刻体现了对可持续发展和人类文明进步的深刻理解。这一理念,其根源可追溯至2008年北京奥运会期间提出的"绿色奥运"口号,它不仅是当时中国对国际社会的庄严承诺,更是人与自然和谐共处美好愿景的生动展现。绿色发展理念,旨在为解决社会经济发展与生态环境保护之间的矛盾冲突提供新思路、新方案,是推动生态治理、促进人与自然和谐共生的重要策略。

在全球经济版图中,众多发展中国家正逐渐成为推动世界经济增长的重要引擎。然而,不容忽视的是,这些国家往往面临着发展模式相对滞后、资

---

[1] 曾雪瑾.习近平全球治理观研究[D].芜湖:安徽工程大学,2019.

第六章 生态治理能力提升与数字系统构建

源利用效率低下、生态环境破坏严重等挑战。这种以牺牲环境为代价的发展模式，不仅违背了可持续发展的基本原则，也严重威胁到地球生态系统的平衡与稳定。因此，对于这些国家而言，加快转变生产方式、优化产业结构、实现绿色转型已刻不容缓。绿色发展理念正是为这一转型提供了科学指导和行动指南，它鼓励各国在追求经济增长的同时，更加注重生态环境保护，努力实现经济发展与环境保护的双赢。

中国作为世界上最大的发展中国家，始终致力于推动绿色发展、促进生态文明建设。近年来，中国积极倡导并实践绿色"一带一路"倡议，旨在将自身在绿色发展方面的宝贵经验分享给沿线国家，共同构建绿色、低碳、循环的经济发展模式。这一倡议得到了国际社会的广泛响应和高度评价，不仅为沿线国家带来了实实在在的经济利益，也为全球生态治理贡献了"中国智慧"和"中国方案"。

总之，在当今全球生态治理的大背景下，坚持绿色发展理念是我们共同的责任和使命。我们应当尊重自然、顺应自然、保护自然，将人与自然视为一个不可分割的命运共同体，携手合作、共同努力，为实现全球生态治理目标、促进人类社会与自然的和谐共生贡献我们的力量。通过绿色发展的实践探索和创新引领，我们有信心也有能力创造一个更加美好、更加宜居的地球家园。

二、倡导构建全球生态治理的国际协同治理机制

发展至今，全球范围内对于生态保护的意识已普遍觉醒，各国及地区纷纷认识到维护地球生态平衡的重要性，并据此提出了一系列生态治理的理念与策略。这些理念，如可持续发展、循环经济、绿色经济等，不仅为生态治理提供了明确的方向和框架，还激发了社会各界参与环境治理的热情与行动力。在理念的指引下，人们开始有针对性地制定并实施环境治理措施，旨在减少污染、恢复生态、促进资源循环利用。然而，理想与现实之间仍存在一定的差距。尽管生态治理理念已经确立，但在实际操作层面，这些理念往往

未能得到充分且有效的贯彻与执行。部分原因可能在于政策执行的力度不够、监管机制的缺失，或是经济利益与环境保护之间的冲突难以调和。因此，如何将生态治理理念转化为实际行动，成为摆在全球面前的一项紧迫任务。

中国作为负责任的大国，始终将全球生态治理视为己任，积极履行节能减排等国际承诺，展现出高度的责任感和担当精神。我们不仅致力于自身生态环境的改善，还希望通过自身的努力，引领并推动全球生态治理的进程。我们主张构建一个国际协同治理体制，强调各国在全球生态治理中的共同责任与相互合作。

在构建这一体制的过程中，明确各国角色与责任至关重要。发达国家凭借其先进的技术和管理经验，应在资金、技术、经验分享等方面发挥引领作用，同时承担起其历史性责任，为过去的环境污染买单。而发展中国家，尽管当前面临更大的环境治理挑战，但也应主动作为，采取有力措施减少污染排放，保护生态环境。双方应相互理解、相互支持，在平等、公正的基础上开展合作，共同应对全球生态治理的挑战。

三、构建国家协同治理机制

在全球生态治理的广阔舞台上，面对日益严峻的环境挑战与生态系统失衡的紧迫形势，构建一个高效、包容、可持续的全球生态治理新机制已成为国际社会的共同期待。这一新机制旨在超越现有框架的局限，不仅解决当前存在的治理主体缺失、责任分担不均、合作动力不足等问题，还要预见并应对未来可能出现的环境风险，确保全球生态安全与人类福祉的长远保障。

当前，尽管全球生态治理机制在推动减排、保护生物多样性、促进可持续发展等方面取得了一定成效，但其固有的局限性也日益凸显。特别是在大国协调机制下，往往难以平衡发达国家与发展中国家的利益诉求，导致合作进程受阻，全球生态治理成效打了折扣。因此，探索一种更加公平、合理、有效的全球气候治理方案，构建一个涵盖所有国家、体现共同但有区别责任原则的全球协同治理机制，成为破局的关键。

《巴黎协定》的签署，标志着全球气候治理进入了一个全新的阶段，它强调了全球各国在应对气候变化中的共同责任，同时也考虑到了各国国情和发展水平的差异，为全球生态治理提供了更为广阔的合作空间。中国作为负责任的大国，积极响应这一倡议，不仅在国内大力推动生态文明建设，实施严格的环保法规，还积极参与国际合作，与世界各国共谋绿色发展之路。

习近平主席在联合国气候变化大会上的重要讲话，不仅展现了中国在全球生态治理中的领导力和责任感，也向世界传递了中国愿意与各国携手共进、共同构建人类命运共同体的坚定信念。中国提出的生态文明理念，强调人与自然和谐共生，倡导绿色低碳的发展模式，为全球生态治理提供了中国智慧和中国方案。

展望未来，中国将继续秉持开放包容、合作共赢的态度，推动全球生态治理体制的创新与完善。我们期待与世界各国一道，通过加强政策对话、技术合作、资金支持等多领域合作，共同构建一个更加公正合理、高效协同的全球生态治理新机制。在这一机制下，人类社会将实现与自然界的和谐共存与发展，共同守护好这个唯一的地球家园。

第五节　生态文明建设视阈下数字生态治理系统的构建

在当今全球生态环境面临严峻挑战的背景下，生态文明建设已成为国际社会普遍关注的议题。随着信息技术的飞速发展，特别是大数据、云计算、人工智能等技术的广泛应用，数字生态治理系统的构建为推进生态文明建设提供了新的思路和路径。

一、数字生态治理系统的必要性

随着大数据、人工智能、物联网等前沿技术的飞速发展与不断成熟,数字化与智能化浪潮正以前所未有的速度席卷全球各个领域,成为推动社会进步与变革的重要力量。在生态文明建设这一关乎人类未来可持续发展的重大议题上,数字化、智能化更是展现出其独特的魅力和巨大的潜力,成为推动生态文明建设不断向前迈进的重要驱动力。

传统的生态治理模式,主要依赖于人工监测、经验判断和事后治理等手段,往往存在信息获取不及时、不全面,决策过程主观性强、效率低下,以及治理效果难以精准评估等问题。面对当前日益复杂多变的生态环境问题,如气候变化、生物多样性丧失、环境污染加剧等,传统治理模式已显得力不从心,难以有效应对。因此,构建一套科学、高效、智能的数字生态治理系统,成为解决当前困境、推动生态文明建设深入发展的迫切需求。该系统以现代信息技术为支撑,充分整合大数据、人工智能、物联网等先进技术优势,实现对生态环境数据的全面采集、实时监测、精准分析和智能决策。

在数据采集方面,系统能够依托物联网技术,部署各类智能感知设备,实现对大气、水体、土壤、生物多样性等关键环境要素的实时、连续监测,确保数据的全面性和时效性。同时,通过大数据处理技术,对海量数据进行清洗、整合和标准化处理,提高数据质量和可用性。

在实时监测方面,系统利用云计算平台的高并发处理能力和实时分析能力,对采集到的数据进行即时处理和分析,及时发现生态环境中的异常情况和潜在风险,为快速反应和有效处置提供有力支持。

在精准分析方面,系统运用人工智能算法和模型,对生态环境数据进行深度挖掘和关联分析,揭示数据背后的规律和趋势,为科学决策提供更加精准、可靠的依据。通过对历史数据的回溯分析和未来趋势的预测模拟,系统能够辅助决策者制定更加科学合理的生态治理策略和方案。

在智能决策方面,系统结合专家知识和机器学习算法,构建智能化的决策支持系统。通过对生态环境问题的综合分析和评估,系统能够自动生成治理建议和方案,并优化资源配置和行动方案,提高治理效率和效果。同时,系统还支持多方案比较和风险评估功能,帮助决策者作出更加明智的决策。

综上所述,构建科学、高效、智能的数字生态治理系统对于推动生态文明建设具有重要意义。

二、数字生态治理系统的构建原则

(一)系统性与协同性原则

数字生态治理系统的构建,首要强调的是其系统性与协同性。这一特性要求系统在设计之初就需具备高度的整合能力,能够跨越部门与地域界限,实现数据的无缝对接与共享。在生态环境治理的复杂网络中,不同部门和地区往往掌握着各自领域内的关键数据资源,而这些数据的孤立存在极大地限制了治理决策的全面性和时效性。因此,数字生态治理系统必须能够打破这种信息壁垒,通过统一的平台或接口,实现跨部门、跨地区的数据共享与业务协同。具体而言,系统应建立健全的数据共享机制,明确数据权属、使用权限及责任主体,确保在保护数据安全和个人隐私的前提下实现数据的最大化利用。同时,系统还需支持跨部门的业务流程再造,优化资源配置,减少重复劳动,提高治理效率。通过形成合力,共同应对气候变化、生物多样性丧失、环境污染加剧等全球性生态环境问题,推动生态文明建设的深入发展。

(二)精准性与科学性原则

在数字生态治理系统中,精准性与科学性是不可或缺的重要特征。依托大数据和人工智能技术,系统能够实现对海量生态环境数据的深度挖掘和分析,从而揭示出数据背后的隐藏规律和潜在风险。这种能力使得系统能够实现对生态环境的精准监测,即通过对特定区域、特定时间段的生态环境数据进行细致分析,准确判断生态环境的健康状况和变化趋势。同时,系统还能提供科学的评估与预测服务。基于历史数据和实时监测结果，系统可以运用复杂的数学模型和算法，对生态环境问题进行量化评估，预测未来的发展趋势和潜在影响。这种科学评估不仅为政府决策提供了有力的数据支持，也为企业和社会公众提供了重要的参考依据。通过精准监测和科学评估，数字生态治理系统能够有效地指导生态环境保护和治理工作，提高治理的针对性和有效性。

（三）开放性与共享性原则

数字生态治理系统的开放性与共享性是其持续发展的重要保障。系统应秉持开放共享的理念，积极推动生态环境数据的互联互通和开放共享。这不仅可以促进科技创新和产业升级，还能够增强社会各界的参与度和责任感，形成全社会共同关注、共同参与生态环境保护的良好氛围。为了实现这一目标，系统应建立完善的数据开放机制，明确数据开放的范围、标准和流程。同时，加强与国际社会的合作与交流，共同推动全球生态环境数据的共享与利用。通过开放共享的数据资源，可以吸引更多的科研机构、企业和个人参与到生态环境保护和治理中来，推动形成多元化的治理格局和创新的治理模式。

（四）安全性与可靠性原则

在构建数字生态治理系统的过程中，安全性和可靠性是必须高度重视的问题。由于系统中涉及大量的敏感数据和重要信息，一旦发生数据泄露或系统崩溃等安全事故，将给生态环境保护和治理工作带来不可估量的损失。因此，系统必须采取严格的安全措施和可靠性保障措施，确保数据的安全传输、存储和处理。具体而言，系统应建立完善的安全防护体系，包括数据加密、访问控制、审计追踪等安全措施。加强系统的备份与恢复能力，确保在系统发生故障或遭受攻击时能够迅速恢复正常运行。此外，还应建立应急反应机制，制订应急预案和演练计划，提高应对突发事件的能力和效率。通过这些措施的实施，可以确保数字生态治理系统的安全性和可靠性得到充分保障。

第六章　生态治理能力提升与数字系统构建

三、数字生态治理系统的核心组成

（一）数据采集层

数据采集层是数字生态治理系统的基石，它利用物联网（IoT）、遥感监测、无人机巡检、地面传感器网络等多种先进技术手段，构建起一个全方位、立体化的数据采集网络。这一网络覆盖大气、水体、土壤、生物多样性以及森林、湿地、草原等各类生态系统，实现对环境要素的全面采集和实时监测。通过智能感知设备，如空气质量监测站、水质监测浮标、土壤水分与养分传感器等，系统能够连续不断地收集各类环境参数数据，如PM2.5浓度、水温、溶解氧、土壤pH值等，形成庞大的生态环境数据资源池。这些数据不仅数量庞大，而且种类繁多，构成了对生态环境现状及其动态变化的全面反映。

（二）数据预处理层

面对从数据采集层获取的海量原始数据，数据预处理层承担着数据清洗、整合与标准化的重要任务。这一层首先通过去噪、补缺、异常值检测等手段，对原始数据进行清洗，去除冗余、错误和无效信息，提高数据质量。随后，对数据进行整合处理，将来自不同来源、不同格式的数据统一转换成适合后续分析的标准格式。最后，进行标准化处理，确保数据的一致性和可比性，为后续的数据分析和应用奠定坚实的基础。数据预处理层的工作直接关系到后续数据分析的准确性和效率，是数据质量控制的关键环节。

（三）数据库构建层

数据库构建层致力于构建一个全国统一的生态环境数据库，作为数据存储、管理和共享的核心平台。该数据库采用先进的分布式存储技术和高效的数据管理系统，实现海量生态环境数据的集中存储和高效管理。同时，遵循统一的数据标准和访问协议，确保数据的可访问性和互操作性。通过数据库构建层，各级政府和科研机构可以方便地获取所需的生态环境数据资源，支持各自的研究和工作需求。此外，数据库还具备强大的数据共享功能，能够促进跨部门、跨地区的数据共享与合作，推动生态环境治理的协同化和智能化发展。

（四）数据处理与分析层

数据处理与分析层是数字生态治理系统的核心功能层之一，它运用大数据分析和人工智能技术，对经过预处理后的生态环境数据进行深度挖掘和关联分析。通过复杂的数据处理算法和模型，系统能够揭示数据背后的隐藏规律和潜在趋势，为生态环境保护和治理提供科学依据。在这一层中，系统可以进行趋势预测、风险评估、异常检测等多种类型的分析工作。例如，利用时间序列分析预测未来一段时间内某地区空气质量的变化趋势；通过关联分析揭示不同环境要素之间的相互影响关系；利用机器学习算法自动识别污染源并追踪其扩散路径等。这些分析结果不仅有助于政府制定科学合理的环境保护政策，还能够为企业的绿色生产和社会公众的环保行动提供有力支持。

（五）数据服务层

数据服务层是数字生态治理系统面向用户群体的直接窗口，它提供多样化的数据服务和应用支持，满足不同用户的需求。针对政府用户，系统可以提供环境监测预警服务，实时通报环境质量状况和潜在风险；提供污染源追踪服务，帮助政府快速定位并处理污染事件。针对企业用户，系统可以提供环境合规性评估服务，指导企业开展绿色生产；提供生态修复方案设计服务，支持企业开展生态修复项目。针对公众用户，系统可以提供便捷的环境信息查询服务，如空气质量查询、水质查询等；提供环保知识普及和宣传教育服务，提高公众的环保意识和参与度。通过数据服务层提供的多样化服务和应用支持，数字生态治理系统能够促进政府、企业和公众之间的紧密合作与互动，共同推动生态环境保护和治理工作的深入开展。

四、推进数字生态治理系统构建的重点任务

（一）加强基础设施建设

在推进数字生态治理的宏伟征程中，基础设施建设是至关重要的基础性工程。为了构筑高效能、可持续发展的数字生态治理体系，我们必须坚定不移地推进绿色新型算力基础设施的建设步伐。这不仅涵盖了建设低碳环保的数据中心、选用高效节能的服务器与存储设备，还包括部署先进的云计算与边缘计算技术，以实现对生态环境数据的高效处理与实时分析。与此同时，我们还需积极推动一体化大数据体系的建设，通过构建全国性或区域性的大数据平台，实现生态环境数据的集中汇聚、整合共享与智能应用，为各级政府、科研机构及社会公众提供全面、准确、及时的生态环境信息服务。这些基础设施的不断完善，将为数字生态治理提供坚实的硬件支撑，推动生态环境治理向智能化、精细化方向发展。

（二）完善政策法规体系

数字生态治理的健康发展离不开完善的政策法规体系的保障。需建立健全与数字生态治理相关的法律法规，明确政府、企业、科研机构及社会公众在数字生态治理中的责任与义务，规范数据的采集、处理、共享与使用行为，保障数据的安全与隐私。同时，制定科学合理的政策激励措施，鼓励技术创新与产业应用，推动数字生态治理的快速发展。此外，还需加大监管与执法力度，确保政策法规的有效实施，为数字生态治理营造良好的法治环境。

（三）推动技术创新与应用

技术创新是数字生态治理的重要动力。必须进一步加强数字技术在生态治理领域的应用研发工作，积极鼓励科研机构、高等院校及企业等各方力量

踊跃参与技术创新活动。通过引入人工智能、大数据、物联网、区块链等前沿技术，提升生态环境监测的精确度与实时性，优化生态环境治理的决策流程与效果评估机制。同时，推动技术创新与产业升级的深度融合，培育新的生态治理业态与模式，提升系统的智能化水平与应用能力。这些技术创新的成果将广泛应用于生态环境监测、污染源追踪、生态修复方案设计等领域，为数字生态治理提供坚实的技术支撑。

（四）强化人才培养与队伍建设

人才是数字生态治理的根本资源。必须充分认识到数字生态治理人才培育及队伍建设的重要性，制定科学合理的人才培养规划与政策体系。通过深化高等教育与职业教育的合作与交流，培育一批具有跨学科知识结构和创新精神的高素质人才；设立专项基金和奖励机制，激励科研和技术人员积极投身于数字生态治理领域的研究与实践；加强国际合作与交流，引进国际先进的理念、技术和人才资源，增强我国在全球生态治理中的影响力和话语权。同时，还需强化数字生态治理队伍的建设与管理，完善人才评价与激励机制，为数字生态治理事业的持续发展提供坚实的人才支撑。

第七章 生态文明建设的典型案例

在人类社会快速发展的进程中,生态文明作为一种新型文明形态,日益成为衡量一个国家或地区发展水平与综合实力的重要标志。它强调人与自然的和谐共生,倡导绿色、低碳、循环的发展方式,旨在构建一个资源节约、环境友好、生态平衡的社会。本章将聚焦于生态文明建设的典型案例,通过深入剖析这些成功实践,展现生态文明理念的生动实践及其显著成效,为探索适合不同区域特点的生态文明建设路径提供宝贵启示。

第一节 浙江临平区绘就绿色高质量发展生态画卷

近年来,临平区深入贯彻落实习近平生态文明思想,以"八八战略"为指导,坚定地践行"绿水青山就是金山银山"的发展理念。立足于新区的发展起点,充分利用区划调整和承办亚运会的历史机遇,围绕建设"数智临平·品质城区"的战略定位,深入实施污染防治攻坚战,全面推进城乡美丽建设，积极促进绿色高质量发展。生态环境质量得到了持续的提升，成功创建为国家生态文明建设示范区。

一、坚决贯彻源头治理污染，持续改善生态环境，确保蓝天白云常伴人间

自"十三五"规划实施以来，临平区秉持生态文明建设的核心理念，将示范引领作为行动指南，全面深化污染防治战役，实现了历史性的环保转型。区内所有燃煤热电厂被有序关停，取而代之的是工业领域的"无燃煤区"新貌，标志着能源结构的绿色化、清洁化迈出了坚实步伐。

在能源供应创新方面，临平区开发区的新奥能源天然气泛能网项目与乔司街道的集中式天然气供能站，凭借其高效、环保的供能模式，在全省同类工业园区中脱颖而出，成为供能方式改革的先锋典范。

"十三五"期间，临平区坚决淘汰落后产能，对存在污染隐患的548家企业进行了关停与整治，有效遏制了污染源，促使主要大气污染物排放量大幅下降，减幅超过50%。同时，空气质量显著提升，空气优良天数比例激增，增幅超过30个百分点，PM2.5、PM10等关键大气污染物浓度连续多年稳定在国家空气质量二级标准以下，蓝天白云成为临平区最常见的风景线。

针对环境空气中臭氧浓度偏高的挑战，临平区持续聚焦工业废气治理难题，自2021年起，对超过300家企业实施了VOCs（挥发性有机物）和氮氧化物废气污染的专项整治行动，成效显著。2023年，环保行动进一步加码，成功淘汰了国四及以下排放标准的柴油汽车3623辆、国二及以下柴油叉车628辆，有效减少了机动车尾气排放对空气质量的负面影响，为构建更加清新宜人的生活环境奠定了坚实基础。

二、创新性地推进水务治理,将"邻避"效应转化为"邻利"效应

在生态文明示范建设的璀璨篇章中,临平区独树一帜地打造了全省首座全地埋式污水处理厂——临平净水厂(图7-1-1),这一创新工程不仅是技术上的飞跃,更是环保理念与城市规划完美融合的典范。该厂创新性地采用了地下污水处理、地面生态公园的双层设计模式,每日能高效处理20万吨污水,而其全地埋式的结构不仅巧妙地控制了运行时的噪音与异味,还极大地节省了宝贵的土地资源(图7-1-2)。

地面之上,临平净水厂则化身为一片生机盎然的"水美公园",融合了人工湿地的自然净化之美、江南园林的精致典雅、市民休闲的舒适惬意、运动健身的活力四射以及文化展示的深度内涵,形成了一个多功能的生态环境教育综合体。这里不仅是市民放松身心的绿色空间,更是普及环保知识、增强公众生态意识的生动课堂,实现了经济、社会与环境效益的和谐共生,成功打破了传统污水处理厂面临的"邻避"困境。

图7-1-1 杭州临平净水厂俯瞰图

"十三五"期间，临平区以临平净水厂为引领，全区污水处理能力实现了质的飞跃，雨污合流的历史难题得到了显著改善。境内两大重要水系——运河与上塘河的水质均实现了1~2个类别的显著提升，清澈的水流见证了临平区生态治理的显著成效。更为可喜的是，全区市控及以上级别的地表水常规监测断面，连续多年全部达到或优于国家地表水环境质量标准中的Ⅲ类水质，彰显了临平区在生态文明建设道路上坚定不移的步伐与辉煌成就。

图7-1-2 杭州临平区全地埋式净水厂

三、绿色低碳，开创发展新潮流

临平区以生态文明建设为核心驱动力，积极拥抱绿色低碳的发展新风尚，依托其国家级经济技术开发区、临平新城以及大运河科创城这三大强劲引擎，精心培育了包括省级生物医药高新园区、艺尚小镇、工业互联网小镇

第七章　生态文明建设的典型案例

在内的多个创新高地,引领产业向绿色化、低碳化方向深度转型。与此同时,浙大高端装备研究院、浙江理工大学时尚学院等高端创新资源相继入驻,为临平注入了强大的科技动能与绿色发展理念。

临平经济技术开发区(图7-1-3)作为区域发展的璀璨明珠,不仅荣获了"国家级循环化改造示范试点园区"和"国家级绿色园区"的双重桂冠,更在2023年晋升为全省减污降碳协同试点的标杆园区,其中"新奥能源—贝达药业"有机废气协同处置项目等三项实践更被评为省级减污降碳协同试点的典范。目前,临平全区已构建起一个由7家国家级绿色工厂、6家省级绿色低碳工厂及27家市级绿色低碳工厂组成的绿色制造体系,展现出强劲的绿色发展实力。

图7-1-3　临平经济技术开发区

在能源供应领域,开发区天然气泛能网项目及乔司街道集中式天然气供能站凭借其高效、环保的供能模式,在全省同类型工业园区中遥遥领先,引领着能源利用的绿色革命。此外,临平区在"十三五"期间实现了规模以上工业企业单位增加值能耗的大幅下降,累计降幅超过30%,彰显了其在节能减排方面的显著成效。

临平还勇于探索绿色金融与低碳发展的深度融合之路，率先成立了全省首个绿色低碳金融创新（一体协同）实验室，并率先应用"双碳地图"，展现了其推动绿色金融与实体经济绿色转型的坚定决心与广阔视野。截至目前，临平已成功创建2个省级低（零）碳试点镇街和18个低（零）碳试点村社，为全省乃至全国的绿色低碳发展提供了可借鉴的宝贵经验。

特别是在分布式光伏应用方面，临平区积极响应国家号召，于2022年被列为全省整区屋顶分布式光伏开发试点，2023年更是实现了新增分布式光伏并网容量60兆瓦的佳绩，累计并网分布式光伏装机总容量已达348兆瓦，为区域能源结构的持续优化和绿色低碳发展注入了强劲动力。

在临平，绿色低碳与科技智能犹如双轮驱动，相互促进，共同绘制出一幅高质量发展的绿色新画卷，展现了临平在绿色发展道路上的坚定步伐与辉煌未来。

四、构建"无废城市"之智能科技助力

为了加速推进"无废城市"建设，临平区充分发挥辖区内企业的专业优势，深度融合互联网与物联网技术，创新性地构建了"AI+"无人化垃圾分类与高效回收处理系统。这一系统不仅实现了垃圾投放与收运的精准化管理，还确保了各类垃圾能够得到全面的资源化利用。截至目前，临平区已成功铺设沿街商户"垃圾不落地音乐线"142条，开通了餐厨废弃物"统收统运专线"196条，极大地提升了垃圾分类处理的效率与覆盖面。同时，镜子山资源循环利用中心的一期项目顺利投产，每日处理能力达到800吨，为区域资源循环利用再添重要支撑。全区生活垃圾分类处理率显著提升，已达到87.8%，标志着临平在垃圾分类工作上取得了显著成效（图7-1-4）。

在"无废细胞"创建方面，临平区同样成绩斐然，共建成各类"无废细胞"161个，并荣获全省百优"无废城市细胞"称号2项。此外，临平还积极探索固废循环利用的新模式，如装修垃圾处置的"牛能模式"、智能垃圾分

第七章 生态文明建设的典型案例

类联运模式,以及固废源头减量的"宝晶模式"等,这些创新实践为固废治理提供了宝贵的经验与示范。

为了进一步提升工业固废的监管水平,临平区建立了工业固废"数智哨兵"监管平台,并对105家重点危废企业完成了智能计量和监控设备的安装工作,实现了对危废处理全流程的智能化、精准化监管。在一般工业固废收运方面,全区已建成7个收运点位,覆盖了429家产废企业,确保了工业固废的有效收集与资源化利用。据统计,全区一般工业固废综合利用率超过97%,建筑垃圾综合利用率更是高达99%,危险废物与医疗废物的安全处置或利用率均达到了100%,彰显了临平区在固废治理领域的卓越成就与坚定决心。

图7-1-4 临平再生资源智能回收站

五、共同绘制美丽生态画卷,实现美美与共的和谐愿景

在生态文明示范建设的宏伟蓝图中,临平区将绿色发展的理念深深植根

于城乡的每个角落，让居民们亲身体验到"美丽临平"所带来的生活环境质的飞跃。蓝天白云之下，大运河文化公园、东湖公园、丰收湖公园等自然景观与城市风貌交相辉映，宛如一幅流动的诗画江南，美不胜收。

城市面貌焕然一新，得益于临平区深入实施的"靓城行动"。老城区焕发新生，口袋公园如雨后春笋般涌现，陈旧的街道小巷蜕变成为充满活力的现代空间。大剧院、临平体育中心等地标性建筑拔地而起，不仅丰富了城市的文化内涵，也提升了居民的生活品质。丰收湖公园、燕子湖公园等城市绿肺，更是为市民提供了亲近自然、享受生态的绝佳场所。

乡村同样不甘落后，临平区精心打造塘栖（图7-1-5）、运河两大美丽乡村精品区块，实现了美丽乡村规划的全覆盖。省级景区村庄、美丽乡村示范乡镇、特色精品村等荣誉接踵而至，展现了临平乡村的美丽蜕变。特别是京杭运河（塘栖段）等六条省级美丽河湖的创建，更是让水清岸绿成为临平乡村的新常态。

图7-1-5　美丽塘栖

大运河沿线的环境再造与文化再生更是亮点纷呈。2023年，大运河国家文化公园郊野段绿道的全线贯通，不仅为市民提供了休闲健身的好去处，还融入了嵌入式体育场地等文化元素，让绿色生态与文化生活相得益彰。超山——丁山湖综合保护工程的推进，更是将塘栖古镇、超山赏梅胜地、丁山湖湿地等自然人文景观串联成线，打造出了省级美丽乡村风情线。

面对过去的污染问题，临平区勇于自我革新，关停黑鱼和温室甲鱼养殖场，整治养殖水域，引进"千亩荷塘"项目，实现了从高污染养殖到生态养殖的华丽转身。荷花种植不仅美化了乡村环境，还带动了农村经济的发展，让村民们从"黑鱼村""甲鱼村"变成了"荷花村"，享受到了绿色发展的红利。

在全域土地综合整治和生态修复方面，临平区同样不遗余力。通过规整建设区块、拓展产业空间、腾退"低散乱"企业、整治家庭作坊等措施，临平区不仅优化了土地资源配置，还促进了产业的转型升级。同时，"田立方·未来农场"项目的推进，更是为都市田园的创新发展树立了新的标杆。

展望未来，临平区将继续深化生态文明示范区建设，致力于打造一个文明幸福、生态宜居的现代化城区。在这片充满希望的土地上，一幅幅绿色发展、生态和谐的美丽画卷正徐徐展开，引领着临平人民向着更加美好的生活迈进。

第二节　人与自然和谐共生的厦门实践

厦门实践源于筼筜湖治理。从山顶到海洋，厦门秉持陆海统筹、河海联动，通过大规模、多尺度、长时间序列的生态系统保护、可持续管理和修复行动，强化了城市韧性，增进了民生福祉，保护了生物多样性，为全球海湾型城市面向未来可持续发展贡献了"中国智慧"，成为亚洲乃至全球基于自然的解决方案的优秀案例。

一、厦门实践的背景及其所面临的挑战

厦门，这座典型的海湾型都市，由璀璨的厦门岛、风情万种的鼓浪屿以及广袤的内陆沿海地带共同构筑，而环绕其周的海域则广阔无垠，城镇化进程迅猛，城镇化率已逼近90.19%的高位。

厦门坐拥得天独厚的南亚热带海洋性季风气候，这一自然恩赐使得其雨季时雨量充沛，几乎贡献了全年降水量的八成以上。然而，境内的河流却呈现出独特的山溪性特征，它们各自独立地奔流入海，源头短促且水流湍急。在水资源方面，厦门面临着严峻的挑战，人均水资源量仅为290立方米，这一数字仅为全国平均水平的约14%，凸显了其作为极度缺水城市的现状。

尽管如此，厦门的自然资源依旧丰富多彩，尤其是其海洋生态系统，堪称宝藏。这里孕育了近2000种各类海洋生物，构成了一个生机勃勃的水下世界。尤为珍贵的是，厦门海域内栖息着文昌鱼和中华白海豚这两种国家一类保护动物，它们不仅是自然界的瑰宝，也是厦门生态多样性的生动体现。然而，与全球众多海湾城市相似，厦门也曾在发展过程中遭遇了气候变化、过度开发以及生物多样性减少等严峻的社会与环境挑战。

（一）气温和海平面升高威胁人类福祉

气候变化对厦门产生了深远的影响，具体表现为气温的持续攀升、海平面的不断上升以及极端天气事件的显著增加。自1989年以来，厦门地区的气温平均每十年就上升了0.56℃，这一趋势令人担忧。而进入21世纪后，从2000年开始，厦门的年平均暴雨日数与20世纪60年代相比，更是显著增加了5.40天，显示出极端降水事件的频繁发生。

基于科学模拟的预测结果，到2056年，厦门的海平面预计将面临最大16.90厘米的上升幅度，这一变化将极大地加剧风暴潮灾害的破坏力。随着海平面的不断升高，海水入侵、土壤盐渍化以及沿海栖息地的受损问题日益严峻，这些问题不仅破坏了自然生态的平衡，还严重削弱了城市排污系统、排水管网以及河道等基础设施的排泄能力。因此，厦门沿海地区面临着更高

的洪涝威胁风险，城市的安全与可持续发展面临着前所未有的挑战。

（二）过度开发与围海造田导致生物多样性减少

厦门的迅速城市化进程伴随着建设用地的急剧扩张，这一过程中，生态用地不可避免地遭到了侵占，导致物种的栖息地日益缩减。高强度的开发活动，包括滨海大道等大型基础设施的建设，更是直接导致了厦门本岛沿海防护林的大规模砍伐，这一曾经的生态屏障和调节缓冲带几乎消失殆尽。

历史上，厦门东屿的红树林湿地曾是白鹭等野生动物的理想觅食场所，但经过数十年的围海造地活动，这片宝贵的原生湿地红树林已所剩无几，其生态服务功能严重受损。

与此同时，厦门陆域的主要流域也遭受了严重的人为干扰。填塘平沟、截弯取直等人为活动频繁，严重破坏了天然水道系统。而河道硬质化、渠道暗涵化以及明沟的"三面光"改造，虽然在一定程度上满足了城市防洪排涝的需求，却大大降低了水体的自然渗透、蓄水和净化能力，进一步导致水生动植物的生存环境恶化。这使得流域生态系统的环境承载力严重不足，整个生态系统变得异常脆弱。

（三）水动力的不足导致了海湾生态环境的退化

自20世纪50年代起，厦门为应对城市发展需求，相继建造了包括高集、马銮在内的七座海堤，这一系列工程在促进区域连接的同时，也引发了显著的"海堤效应"。在海堤修建之前，厦门岛四周的海域享有自由流动的海水，水体交换频繁且量大，自然稀释与扩散能力卓越，有效维护了海域的生态平衡。然而，海堤的构筑却直接干预了海域潮流动力系统的自然循环机制。这一变化导致潮流动力明显减弱，泥沙输移受阻，进而促使海域逐渐淤积，纳潮量急剧下降。海水的稀释净化功能因此受到严重制约，海域内的污染物难以得到有效稀释与扩散，加剧了海域的污染程度。随着时间的推移，海洋生态系统承受了前所未有的压力，生物多样性受损，海洋生态状况日益恶化。

二、厦门实践采取的措施

（一）依据生命共同体的整体系统观，构建空间规划体系，打造"海绵国土"

厦门秉持陆海统筹、河海联动的核心理念，深刻认识到山水林田湖草沙海作为生命共同体的系统重要性，据此精心编制了《美丽厦门战略规划》，成功跻身我国"多规合一"空间规划首批试点的28个市（区、县）之中，且成为唯一的大城市代表。厦门在这一进程中，采取了多项创新举措。

首先，厦门科学划定了生态保护红线。这一举措旨在最大限度地保护全市范围内的森林、河流、湖泊、湿地、坑塘等生态敏感区域，促进人与自然和谐共生，维护城市自然生态格局的完整性和独特性。

其次，厦门积极实施《厦门市海绵城市专项规划（2017—2035）》及《厦门市海绵城市建设管理规定》，将海绵城市的建设理念和控制指标深度融入空间规划"一张图"中，实施严格的用途管制。至2023年，厦门城市建成区中已有超过三分之一的区域达到了海绵城市的建设标准，显著提升了城市应对雨水径流、改善水环境的能力。

最后，厦门致力于推行陆海统筹规划，彻底扭转了过去规划中重陆轻海、重开发轻保护的倾向。通过强调海岸海岛的自然属性与生态价值，避免过度的人工化和产业化开发，厦门有效遏制了海岸人工化、设施化趋势，遏制了自然岸线的缩减和生态环境的恶化。厦门以国土空间规划为引领，推动陆海融合发展与统筹保护，实现了从陆海隔离到融合发展的历史性转变，让"所有景观是生命共同体"的理念在厦门大地上生动实践。

（二）"山上戴帽，山下开发"，增强生态系统的稳定性和多样性，促进农区可持续发展。

在过去，厦门西北部山区的村民曾陷入"靠山吃山"的困境，过度砍伐山顶森林以烧炭换取生计，结果导致经济贫困与生态退化并存的局面。然

第七章 生态文明建设的典型案例

而，随着"山上戴帽，山下开发"这一创新发展理念的引入，两村的面貌发生了翻天覆地的变化。昔日的荒山秃岭如今已恢复为郁郁葱葱的公益林，而山脚下则种植了果树、茶叶，并发展了生态旅游产业。这一转变不仅使村民的人均年收入从1986年的微薄二百多元飙升至2023年的4万多元，实现了脱贫致富与生活质量的大幅提升，还有效控制了水土流失，保护了宝贵的生态环境。

尤为值得一提的是，军营村（图7-2-1）作为这一发展模式的典范，其5715亩茶园成功获得了农业碳票，被纳入碳汇认证体系，并以每吨碳汇6元的价格实现了碳交易的收益。这一创新举措极大地激发了村民们参与生态系统恢复和可持续发展的积极性，也为厦门全市农区树立了可借鉴的典范。

图7-2-1 厦门同安军营村

为了进一步推动农业与生态的和谐共生，厦门于2015年相继出台了《关于加快转变农业发展方式的实施意见》和《关于进一步促进休闲农业发展的意见》。这些政策文件鼓励发展多样化的生态休闲农业和创意农业，促使农业功能从单一的生产向休闲观光、农事体验、生态保护、文化传承等多个维度拓展。这一转变不仅实现了农区的可持续管理，还显著提升了农区生态系统的多样性、稳定性和可持续性，为厦门的绿色发展之路注入了新的活力。

（三）资源开采向知识创新的转型，修复废弃矿区，重建更优质的生态系统

厦门以其丰富的花岗岩资源著称，石板材生产作为当地历史悠久的传统产业，曾为经济发展贡献过巨大力量。然而，这一产业也伴随着开山采石带来的环境问题，如山体裸露、植被损毁及水土流失，对城市景观与生态环境造成了不利影响。早在国家层面提出矿山开采需编制复垦方案之前二十多年，当地领导便前瞻性地提出了采矿前需编制并严格执行整治方案的要求。

针对历史遗留的百余处废弃矿山，厦门市政府秉持"全面规划、突出重点、分步实施"的战略方针，创新性地采取了工程治理、自然恢复（辅以适度人工措施）及转型利用三种治理模式，对废弃矿山进行了科学分类与分级整治。这一举措不仅解决了历史遗留问题，更为城市可持续发展奠定了坚实基础。

厦门软件园（二期）（图7-2-2）的崛起，便是废弃矿山成功转型的生动案例。项目在规划设计中巧妙融入生态理念，将废弃采石场华丽转身为园区内的绿色公园，昔日的采石坑更是被匠心独运地改造成为公园核心区的景观人工湖。这一转变不仅实现了土地资源的再利用，更促进了产业结构的升级，从资源依赖型向知识密集型转变，推动了当地高新技术产业的蓬勃发展。目前，厦门软件园（二期）已汇聚了超过3600家软件与信息服务业相关企业，吸引了超过6.7万名产业人才，成为城市经济的新增长点。

截至2023年底，厦门已全面完成废弃矿山地质环境的修复工作，修复率达100%。其中，通过自然恢复方式恢复了424.70亩山林，而工程治理则让4164.60亩山林重焕生机。这些努力不仅显著提升了植被覆盖率，保护了生物多样性，更为厦门市民营造了一个更加宜居、宜业、宜游的城市环境，展现了人与自然和谐共生的美好图景。

图7-2-2 厦门软件园（二期）

（四）对硬化海堤与河堤进行改造，以恢复水流动力及其自然过程，助力自然生态的恢复

自20世纪50年代起，厦门相继构建了高集、集杏、马銮、钟宅、东坑湾、大嶝七座海堤，这些工程曾对城市发展起到了重要作用。然而，随着时间的推移，海堤的建造逐渐显现出其负面影响：它们切断了环岛海流通道，阻碍了东、西海域间的自然水体交换，导致海域水动力减弱，泥沙淤积问题日益严重。这不仅使得种植的红树林遭受淤泥覆盖之困，更对整个厦门市的海洋资源和生态环境造成了不可估量的损害。同时，海堤还成了中华白海豚等海洋生物游弋通道的障碍，加之海域的过度利用如大规模养殖等，进一步加剧了水域面积的缩减和生物多样性的下降，为城市的可持续发展蒙上了阴影。

面对这一严峻形势，厦门市政府果断采取了一系列创新性的生态修复措施。通过破堤建桥、退垦还海等举措，厦门成功拆除了全部七座海堤，实现了近60年来东、西海域水体的首次自然融通，水体交换能力因此提升了30%。这一变化不仅恢复了海域流畅的水动力环境，还有效改善了海洋生态环境，保障了海洋自然生态过程的持续进行，为中华白海豚等珍稀海洋生物提供了更加广阔的生存空间。此外，厦门还坚持河海联动的理念，围绕全市9条主要溪流的465公里河道展开了全面的安全生态水系建设。在这一过程中，厦门将传统的"工程治水"模式转变为"生态治水"，从"单一治理"向"系统治理"转变，致力于恢复河流的自然形态和生态功能。通过拆除原有的渠化、硬化设施，厦门恢复了溪流自然弯曲的河岸线、深潭、浅滩和泛洪漫滩等自然景观，为水生生物提供了更加适宜的栖息环境。

为了进一步加强对水系生态的保护和管理，厦门于2017年出台了《厦门市水系生态蓝线管理办法（试行）》。该办法明确规定，在城市建设区内，应按照堤防堤脚外沿线外延不少于30米的范围确定水生态蓝线，并严格禁止随意占用这一区域。这一举措为溪流的自然恢复和生态保护留下了更多的空间，也为厦门的可持续发展奠定了坚实的基础。

（五）聚焦海湾治理"20字方针"，明晰生态恢复连体方向，迈向人海和谐高水平

筼筜湖，这片承载着厦门历史记忆的水域，曾因过度开发与海堤建设而遭受重创，水质恶化至黑臭不堪，鱼虾绝迹，红树林与白鹭的栖息地亦随之消逝。1988年，时任厦门市委常委、常务副市长的习近平同志高瞻远瞩地提出了筼筜湖治理的"20字方针"——"依法治湖、截污处理、清淤筑岸、搞活水体、美化环境"，为筼筜湖的重生指明了方向。

厦门市政府积极响应，不仅成功实现了水质的净化与岸线的绿化，更将清理出的淤泥巧妙利用，填造白鹭岛滩涂，并广泛种植红树林，为白鹭等鸟类重建了理想的栖息环境。这一系列举措，不仅恢复了筼筜湖的生态活力，也彰显了人与自然和谐共生的理念（图7-2-3）。

第七章　生态文明建设的典型案例

图7-2-3　筼筜湖

值得注意的是，筼筜湖治理的"20字方针"与联合国最新颁布的《生态系统恢复实践指导标准》中的"恢复连续体4R方针"不谋而合，体现了厦门在生态保护与恢复方面的前瞻性和科学性。通过减压（截污处理）、去除（清淤筑岸）、修复（搞活水体）和恢复（美化环境）四个步骤，厦门有效推动了筼筜湖的生态系统恢复，而"依法治湖"则为这一过程提供了坚实的法律保障。

在此基础上，厦门进一步拓展生态保护修复的实践边界，于2005年启动了五缘湾整治项目。该项目通过拆除海堤、引入海潮自然过程，以及对栗喉蜂虎繁殖地的严格保护，成功打造了一个集自然美景与生态保护于一体的城市绿洲。五缘湾的生态恢复设计，巧妙融合了自然资源与城市元素，为市民和游客提供了一处远离尘嚣的世外桃源，也成了城市中心的疗愈景观。

此外，厦门还坚持"一湾一策"的治理策略，针对杏林湾、海沧湾、同安湾、马銮湾等海域的不同特点，量身定制生态保护修复方案，实现了生态效益、社会效益与经济效益的全面提升。这一系列举措不仅改善了厦门的生态环境质量，也吸引了众多高精尖企业的入驻，为产、城、海的融合发展注入了新的活力。

（六）多元化整合资金、多模式推进生态修复

厦门市为推动海绵城市六大体系工程项目的顺利实施，特设专项财政基金，为这些旨在提升城市水循环能力、增强生态韧性的建设项目提供坚实的资金保障。同时，为拓宽资金来源，厦门市积极探索并广泛吸引社会资本参与生态保护与修复工作，形成了多元化的融资格局。具体而言，厦门市采用了包括PPP（公共私营合作制）投资模式在内的多种创新方式，鼓励私营企业与社会资本与政府合作，共同承担生态保护与修复项目的投资、建设及运营。此外，还引入了特许经营模式，通过授予企业特定权利与责任，激发其参与生态项目的积极性。绿色信贷的推出，则为符合环保标准的项目提供了优惠的融资条件，促进了绿色产业的发展。

为进一步分散风险、保障项目持续运营，厦门市还建立了巨灾保险制度，为生态保护修复项目可能遭遇的自然灾害等风险提供保险保障。这一系列举措不仅增强了项目的抗风险能力，也提高了社会资本参与生态项目的信心。

厦门市政府在资金整合方面展现出了卓越的智慧与创新能力，通过政府主导、社会化参与、政策性银行及保险业支持等多元化措施，构建了一个具有厦门特色的资金整合模式。这一模式不仅有效解决了生态保护修复项目资金不足的问题，还促进了政府、企业、社会及金融机构之间的深度合作与共赢发展。

第三节 秦岭特色小镇可持续发展研究

秦岭特色小镇作为陕南秦巴山区商洛市的一张亮丽名片，是在充分挖掘并发展地方特色产业的基础上，巧妙融合现有城镇格局，匠心独运地打造出的集特色产业、文化底蕴与乡村旅游魅力于一身的实体空间典范。作为特色

第七章 生态文明建设的典型案例

小镇体系中的新兴力量，它不仅在助力脱贫攻坚、加速乡村振兴、推动农业转型升级等战略领域发挥着日益显著的引领与示范效应，还成为区域经济社会发展的新引擎。然而，在乡村振兴战略的深入实施进程中，秦岭特色小镇也面临着一系列挑战，包括生态系统脆弱性凸显、产业自我发展能力不强、制度保障体系与服务配套不足以及生态系统服务功能未能充分释放等发展瓶颈。这些问题若不及时解决，将制约其持续健康发展的步伐。在此背景下，鉴于国家正全力推进生态文明建设，深入探索秦岭特色小镇的可持续发展路径显得尤为重要。这要求我们不仅要关注其经济价值的提升，更要重视其生态价值的挖掘与利用，通过科学规划与合理布局，充分发挥秦岭特色小镇独特的生态系统服务功能，如生态涵养、生物多样性保护、文化传承等，以此促进区域经济社会与生态环境的和谐共生，实现绿色发展。可以说，对秦岭特色小镇可持续发展路径的研究，不仅是对乡村振兴战略实施路径的丰富与完善，更是对我国生态文明建设"三步走"战略目标实现的积极探索，具有重要的理论贡献与实践指导意义。

一、秦岭特色小镇发展的现状

（一）秦岭特色小镇的建设现状

秦岭特色小镇作为一种创新型的社区发展模式，正以其独特的产业生态、文化底蕴与旅游魅力，在多个维度上彰显出非凡的价值与潜力。这些小镇不仅精准定位了自身产业方向，还深度融合了丰富的文化内涵与强大的旅游功能，构建了一个集生态、生产、生活于一体的和谐空间，成为"产业兴旺、城镇宜居、人文荟萃、生活美好"四位一体现代社区的典范。

与传统意义上的行政区划镇、产业园区及旅游景区截然不同，秦岭特色小镇在经济层面展现出显著的产业集聚效应，同时兼顾了环境的宜居性、产业的繁荣性以及旅游的吸引力，形成了集创业创新、休闲旅游、生活居住等多功能于一体的复合体。其发展模式紧密围绕"特色产业引领、文化深度挖掘、旅游品质提升"的核心策略，坚持创新引领、精准施策、深入挖掘、美化环境的"新、准、深、美"原则，力求实现生态、生产、生活"三生融合"的全面发展格局。

在规划布局上，秦岭特色小镇注重科学规划，合理控制开发规模，优化资源配置，精心打造高品质的核心区域，确保每一寸土地都能发挥最大效益（图7-3-1）。

图7-3-1　洛南县音乐小镇一角

产业定位方面，小镇深入挖掘并培育具有地方特色的产业，推动产业差异化发展，避免同质化竞争，形成独特的竞争优势。

文化挖掘与传承是秦岭特色小镇的另一大亮点。小镇致力于挖掘和弘扬地域文化精髓，结合独特的自然风貌、历史积淀与建筑风格，打造具有鲜明地域特色和文化标识的社区空间，让居民和游客在体验中感受文化的魅力，延续历史的文脉。

在风貌塑造上，秦岭特色小镇遵循宜居、宜业、宜游、宜创新的原则，营造优美和谐的镇区环境，确保小镇的整体格局与风貌既具有典型性又富有特色，成为令人向往的居住与旅游目的地。特别是旅游特色小镇，更是以高标准要求自身，力求达到甚至超越4A级景区的建设水平，为游客提供高品质的旅游体验。秦岭特色小镇以其多元化的产业体系、深厚的文化底蕴、独特的旅游魅力以及高品质的居住环境，共同绘制了一幅多元化、可持续发展的美好蓝图，展现了新时代下新型社区形态的独特风采与无限潜力。

（二）秦岭特色小镇发展中存在的问题

1.生态文明建设重视不够

秦岭特色小镇生态文明建设困境的主要原因，是生态环境保护制度长期受制于传统发展观念和发展模式，难以实现根本性转变，主要表现在以下几个方面：

第一，当前社会各界在生态文明建设及其体制改革方面的认知深度尚显不足，对于"绿水青山就是金山银山"这一重要理念的辩证关系理解尚不全面。部分社会主体，尤其是在脱贫攻坚任务紧迫的背景下，对执行最严格的生态保护制度持有抵触情绪，显示出对这一体制改革的必要性和重要性的认识不足。整体而言，对生态文明体制改革制度的熟悉程度偏低。

第二，在生态文明体制改革的推进过程中，其机制建设尚待完善。地方层面在贯彻落实党中央关于生态文明建设的指导精神上遇到挑战，普遍存在"重方案设计轻实际执行"的问题，即更侧重于政策框架的搭建，而忽视了政策的实际落地执行。此外，改革的监督、督办及评估机制不健全，导致改革进展的监测与评估不够及时和全面，各参与单位在执行过程中存在选择性改革的倾向，影响了改革的整体效果和进度。

第三，生态文明体制改革的顺利实施还需进一步配套相应的支撑条件。具体而言，资金投入不足成为制约改革深化的关键因素之一；同时，专业性人才的短缺也限制了改革措施的专业性和有效性；基础数据的供给和支撑体系尚不完善，无法为科学决策和精准施策提供有力依据。因此，加强资金、人才和数据等基础支撑条件的建设，对于推动生态文明体制改革的深入发展至关重要。

2.农业绿色发展方式急需转变

第一，面对日益严峻的生态环境压力，传统农业中那种依赖高投入、高消耗的生产模式正不断侵蚀着宝贵的耕地资源，并加剧了农村生态环境的恶化趋势,这已经成为农业实现可持续与健康发展道路上的一块巨石,严重阻碍了前进的步伐。

第二,农业经济效益的阴霾难以散去,呈现持续下滑的态势。生产成本的不断攀升,加之农产品普遍缺乏独特的竞争优势和鲜明的品牌特色,使得农产品在市场竞争中难以脱颖而出,市场价格提升困难重重,农业生产的盈利空间受到严重挤压。

第三,农产品质量安全问题正逐渐成为社会关注的焦点。农村生态环境的退化和环境污染问题,如同一颗定时炸弹,不时引发农产品安全事件,严重威胁着消费者的健康安全。这不仅是对绿色农业理念的一次次重击,更让绿色农业的市场信誉和发展前景蒙上了一层阴影。

3.巩固拓展脱贫攻坚成果同乡村振兴有效衔接不畅

秦岭特色小镇的发展在高度依赖生态环境的同时,面临着生态环境保护与经济发展难以和谐共进的挑战,具体体现在以下几个突出的生态环境问题上:

(1)环保资金匮乏

在推动发展的过程中,环保领域的资金投入显得尤为不足。农业活动产生的污染排放量大,但相应的治理投入却相对较少,导致污染问题难以得到有效控制。此外,农村人居环境基础薄弱,历史遗留问题多,改善任务艰巨,资金缺口成为制约环保工作的一大瓶颈。

(2)生态增收效应不显著

尽管生态扶贫被视为一种重要手段,但其实际效果却不尽如人意。生态扶贫措施较为单一,公益岗位的设置和管理机制尚不完善,难以充分激发生态资源的经济潜力。同时,生态产业的发展进程缓慢,对农民增收的贡献有限,生态增收的效果不明显。

(3)生产发展与生态保护失衡

在巩固脱贫攻坚成果的过程中,有时会出现环保为经济发展让路的现象。部分脱贫地区在追求经济增长的同时,忽视了生态环境的承载能力,导致资源过度开发、环境超载。此外,缺乏有效的协调机制使得生态部门在推动生态保护方面的作用难以充分发挥,生产发展与生态保护之间的平衡被打破。

（4）环保政策执行偏差

在基层执行生态环境保护政策时，存在一系列执行偏差问题。一方面，"一刀切"的过度执行现象时有发生，导致政策执行过于僵化、缺乏灵活性；另一方面，"以禁代治"的懒政行为也屡见不鲜，部分基层政府或部门在环保工作中采取简单禁止的方式代替实际治理措施。此外，"发展让路"的监管无力现象也值得警惕，即在经济利益面前放松对环保政策的监管和执行。

二、秦岭地区特色小城镇可持续发展的提升策略

（一）恪守生态保护原则，发挥特色小镇的生态服务功能

第一，为确保生态环境得到优先保护，必须构建一套完善的制度保障体系。这一体系应深入考虑生态环保的核心要素，科学规划布局，并建立起高效的组织协调机制，以确保各项环保措施得以顺畅实施。同时，还需要进一步健全监督监管机制，确保生态环境保护措施得到有效执行。此外，合理设置生态公益岗位，不仅有助于提升生态环境管理水平，还能激发公众参与环保的积极性。

第二，在人居环境整治工作中，应当转变思路，从过去主要关注人的居住环境转变为更加关注生态环境要素的整体改善。在目标导向上，要从单纯的生态环境治理向发展生态产业转变，通过培育绿色经济，实现生态环境的可持续发展。还要扩大工作范围，从局部治理向全面覆盖转变，努力提升人民群众的"生态宜居"获得感，让绿色成为人民幸福生活的重要底色。

第三，要充分利用好生态资源这一宝贵财富，通过科技创新和模式创新，在"小农"经济的基础上做好大文章。具体而言，就是要实现适度规模的循环种养模式，将农业生产与生态环境保护紧密结合起来，形成相互促进、良性循环的农业生态系统。这样既能保障农产品的安全供给，又能有效保护生态环境，实现农业与环境的双赢。

第四，为了推动生态产业的快速发展，需要强化顶层设计，找准发力的

关键点和突破口。通过制定科学合理的政策措施和激励机制，吸引和带动社会资本积极投入生态产业领域。同时，加强宣传引导工作，提高全社会的环保意识和绿色发展理念。此外，要充分发挥群众的主体作用和创造力，鼓励大家积极参与生态产业的建设和发展中来。通过多方参与、共同努力，形成绿色发展新格局，推动经济社会与生态环境协调可持续发展。

（二）践行绿色发展方式，加快推进秦岭特色小镇内涵发展

绿色发展的核心理念在于追求人与自然之间和谐共生的理想状态，这标志着对传统发展路径的深刻省思与根本性超越。在秦岭特色小镇的规划与建设中，应深入挖掘并弘扬地方特色产品的文化底蕴，通过提升产品的文化附加值，不仅丰富其内涵，更延长其产业链条，从而打造出蕴含陕南地区独特文化韵味、融合农业与旅游、文化体验的特色产品集群。

为实现这一目标，需采取多元化的营销策略，特别是针对地理标志农产品，要着力提升其市场竞争力。政府应发挥引导作用，行业协会则须强化协调功能，而龙头企业则应成为实施主体，三者紧密合作，共同绘制品牌营销的宏伟蓝图。这一过程中，关键在于深度挖掘地理标志背后的历史脉络与文化底蕴，以此为基础进行精准的品牌定位与形象塑造。同时，灵活运用多样化的营销手段至关重要，包括但不限于文化营销——讲述品牌背后的故事，增强文化认同感；体验式营销——让消费者亲身体验产品魅力，加深品牌印象；事件营销——借助热点事件或活动，提升品牌曝光度；网络营销——利用互联网平台拓宽市场边界，实现精准影响效应。

通过上述策略的实施，旨在构建强有力的地理标志农产品品牌形象，并建立健全的市场营销体系，以此提升市场份额，促进经济效益的显著提升。最终，这一系列举措将有力推动区域经济社会的全面进步，为乡村振兴战略的深入实施注入源源不断的活力与动力。

（三）增强科技领域的投入，促进秦岭特色小镇的高品质发展

在秦岭特色小镇深化内涵、追求高质量发展的进程中，强化科技支撑是

第七章 生态文明建设的典型案例

其核心驱动力之一。这一过程要求不仅要在农产品深加工领域加大科技研发投入，更要将科技的力量深度融入产业链条的每一个环节，推动农业产业实现从传统到高端化、智能化、绿色化的华丽转身。具体而言，通过引入先进的生产技术和设备，提升农产品深加工的技术水平，不仅能够丰富产品形态，增加产品附加值，还能显著提升地理标志性农产品的市场竞争力。这一过程中，关键在于不断突破技术瓶颈，创新加工工艺，使产品更具科技含量和独特魅力，从而构建出一个产品种类丰富、品质卓越、关联度强的产业链体系。同时，地方政府和行业协会应充分发挥其资源整合与协同发展的优势，通过政策引导、资金支持、平台搭建等多种方式，积极培育并扶持龙头企业的发展。这些龙头企业将成为推动特色产业规模化、产业化发展的中坚力量，它们通过生产基地建设、品牌专业化农业合作社等形式，将秦岭特色小镇深厚的历史文化底蕴与现代农业生产相结合，形成具有鲜明地域特色和示范效应的产业发展模式。

在此基础上，秦岭特色小镇还应积极响应国家富民政策，充分利用政策红利，广泛吸纳农户参与特色农业产业的全链条发展。通过农旅深度融合，不仅能让农户分享到产业发展的红利，还能促进农村经济的多元化发展，为乡村振兴战略的深入实施提供有力支撑。此外，秦岭特色小镇还应注重品牌营销的战略布局，将地理标志性农产品的独特魅力和品牌价值充分展现给广大消费者。通过精准的品牌定位与形象塑造，以及多样化的营销手段，不断提升品牌的知名度和美誉度，从而在更广阔的市场中赢得消费者的认可与品牌忠诚。

综上所述，秦岭特色小镇在深化内涵发展的过程中，必须坚持科技引领、创新驱动、品牌带动的发展理念，通过强化科技支撑、优化产业结构、深化农旅融合等措施，不断推动特色产业向高端化、智能化、绿色化转型升级，为乡村振兴战略的深入实施贡献更多力量。

第四节　基于生态文明的那达慕文化文旅融合发展

"那达慕"又有"那雅尔（Nair）"之称，那达慕为蒙古语的译音，意为"娱乐、游戏"。那达慕大会是为表达蒙古族丰收的喜悦之情而进行的聚会，承载着蒙古族传统游牧文化与原始信仰体系。那达慕大会以赛马、搏克、射箭等传统"三项竞技"为主体，伴以传统的体育、服饰、宗教、建筑、饮食、诗词、歌舞、经济等文化融为一体，通过竞技、仪式、展示、表演、交流等一系列活动模式达到综合效能的大型庆典。

一、那达慕大会的起源与发展

那达慕大会作为蒙古族历史长河中一颗璀璨的明珠，深深植根于蒙古族人民的生活之中，承载着丰富的文化内涵与历史记忆。据畏兀儿文（古蒙古文）石刻《成吉思汗》于石崖之上的记载，这一盛会的源头可追溯至蒙古汗国初建的辉煌时期。公元1206年，成吉思汗一统蒙古，被尊为大汗后，为彰显军威、巩固团结、保障民生及合理分配资源，他匠心独运，于每年盛夏七八月间，召集四方部落首领共襄盛举，举办盛大的聚会，以感恩自然恩赐，庆祝丰收，强化民族间的友谊与团结。

1225年，随着花剌子模战役的凯旋，成吉思汗于布哈苏齐海之地，举办了一场空前绝后的那达慕大会，以此纪念辉煌的胜利，进一步推动了这一习俗的普及与发展。元朝建立后，那达慕大会以"诈马宴"为载体，融合了射箭、赛马、摔跤等竞技项目，辅以丰富多彩的娱乐活动，参与者需遵循特定的服饰规范，标志着那达慕初步形成了其独特的仪式与文化形态。这一盛会不仅加深了蒙古族内部的文化认同，更为草原游牧文化与中原农耕文化的交融搭建了桥梁。

到了清朝，那达慕大会正式纳入官方庆典体系，其组织形式日益规范化，活动内容也愈发丰富多彩。中华人民共和国成立后，1954年内蒙古自治区成功举办首届那达慕大会，标志着这一古老习俗在新时代的重生与传承。此后，那达慕大会在内蒙古各地定期举行，不仅稳固了其作为蒙古族传统节日的地位，更在全球范围内提升了知名度。

步入新时代，那达慕大会在保留"男子三项"（射箭、赛马、摔跤）等传统精髓的基础上，不断创新发展，融入了赛骆驼、布鲁比赛、蒙古象棋等特色项目，以及文艺演出、国际商品展销等多元化内容，实现了体育竞技、文化艺术、商贸交流、旅游观光等多领域的深度融合，展现出前所未有的国际化风貌。这一变化不仅丰富了那达慕大会的文化内涵，也极大地提升了其观赏性、参与性和影响力，向全世界生动展示了当地独特的自然风光、深厚的文化底蕴和蓬勃的民族活力。

二、那达慕文化文旅融合发展中存在的问题

（一）自然生态环境遭受破坏

近年来，内蒙古自治区在推动旅游文化，特别是那达慕文旅融合发展的过程中，遭遇了由人为活动加剧与自然因素叠加所导致的严峻环境挑战。环境污染与生态退化成为制约该区旅游文化可持续发展的突出问题。热点旅游景区普遍遭受垃圾堆积、空气质量恶化、草场严重退化及荒漠化蔓延等困境，而像希拉穆仁、辉腾锡勒、格根塔拉等历史悠久的旅游胜地，更是因过度旅游开发与长期干旱气候的双重打击，生态环境遭受了不可逆转的损害，降雨量逐年递减，生态系统脆弱不堪。

这些环境问题不仅直接侵蚀了自然景观的美感与游客体验的舒适度，导致旅游吸引力显著下降，游客数量锐减，还深刻影响了那达慕节庆活动的举办频次与质量，进而阻碍了地区优秀传统文化与旅游产业的健康传播与发展。生态环境的恶化阻碍了民族文化与现代旅游业的深度融合，限制了那达慕文化作为地区软实力的重要组成部分，在促进经济发展、文化交流方面发

挥的积极作用。

尤为值得注意的是,生态环境的持续退化对那达慕文化的长远发展构成了潜在威胁。优质的生态环境是那达慕文化赖以生存与发展的基石,其破坏将直接导致文化活动品质的下降,削弱文化传承的生命力。历史数据表明,自20世纪70年代末至80年代初以来,草原地区经历的高温干旱周期加剧了土壤水分流失与植被退化,进而加速了土壤沙化进程,这一恶性循环不仅削弱了草原生态的自我恢复能力,也在一定程度上束缚了那达慕文化在保护自然、弘扬传统方面的可持续发展潜力。因此,加强环境保护与生态修复,成为推动内蒙古自治区那达慕文旅融合向更高层次发展的关键所在。

(二)文化传承遭遇障碍

在推动那达慕文化走向国际舞台的征途中,各方已付诸诸多努力。传统媒介如国家、省、市级电台与报纸,成为传播那达慕历史文化的重要窗口,通过深度报道与专题介绍,让这一民族盛事的历史底蕴与文化魅力得以广泛传播。同时,旅游文化节等活动的举办,也为那达慕文化的展示与交流搭建了平台,吸引了众多游客与关注者的目光。然而,随着数字媒体时代的来临,尽管已有《内蒙古日报》、东乌珠穆沁旗宣传平台等地方媒体利用公众号等新媒体渠道进行赛事与活动的宣传,但在创新传播手段方面仍显不足。特别是影视制作、文化IP打造等高效营销方式尚未得到充分利用,限制了那达慕文化在国际舞台上的视觉冲击力与品牌塑造力。

那达慕文化作为独具民族风情的区域瑰宝,其独特价值在传播过程中因资源整合不力而未能充分彰显。当前,传播手段仍较为传统,缺乏对新兴传播技术的有效整合与应用,难以捕捉并吸引年轻受众群体的兴趣。内容上,长篇累牍的文字叙述虽详尽却难以迅速抓住人心,缺乏直观、生动的呈现方式。此外,传播主体多集中于政府官方网站,受众覆盖面有限,且跨部门间的协同合作机制尚不健全,导致传播效果未能最大化。在受众层面,尽管那达慕节庆活动吸引了本省区及周边省份的游客参与,但其全国乃至全球范围内的文化遗产旅游品牌影响力尚待提升。

（三）文化旅游资源的整合程度尚显不足

当前，那达慕文化在推动文旅深度融合的过程中遭遇了显著挑战，主要表现为文化内涵挖掘的浅显与文旅资源有效开发的不足。尽管拥有得天独厚的自然环境和深厚的文化底蕴，但那达慕文化在转化为吸引游客、提升旅游体验的深度产品方面显得力不从心。

2023年夏季，锡林郭勒盟成功举办了内蒙古自治区那达慕大会，其间的创新场景如民族服装走秀、蒙古包制作体验、奶食品手工坊等活动在社交媒体上收获了广泛关注与点赞。然而，这些亮点项目在吸引流量后，未能进一步深挖其背后的文化内涵，使得游客的参与停留于表面，难以形成深层次的情感连接与文化认同。传统少数民族文化的精髓未能充分融入旅游体验之中，导致热度难以持续，游客缺乏沉浸式的娱乐与文化体验。

针对这一问题，关键在于深化对那达慕文化内涵的挖掘与传播，不仅要展现其外在的"男儿三艺"、歌舞盛宴等丰富形式，更要揭示其背后的历史意义、民族精神与价值追求。通过增强游客的参与感和互动性，让那达慕文化不仅仅是观看的对象，更是体验、学习和传承的载体。同时，融合发展之路还需加强顶层设计与协调机制。政府应发挥主导作用，统一规划，优化旅游管理机制，促进各部门间的紧密合作，打破壁垒，实现旅游资源的最大化整合与高效利用。只有这样，才能让那达慕文化不仅仅是一个节日或活动的标签，而是成为具有鲜明特色、时代感强、能够满足多元需求的文旅品牌，真正"立起来""活起来"，为游客带来难忘的文化之旅，促进文化的认同与交流。

三、那达慕文化文旅融合发展的路径分析

（一）实现保护与开发的和谐共进，促进绿色可持续发展

1.提升公众对环境保护的认知水平

强化群众环境保护意识，是那达慕文化文旅融合可持续发展的关键基石，也是预防生态环境受损与旅游环境污染的首要防线，为所有环保举措的顺利实施奠定坚实基础。只有当民众掌握了一定的环保知识，他们才能自觉转化为行动，积极参与环境保护的实践，确保环保措施真正落地生根。因此，在推动那达慕文化文旅深度融合的过程中，提升群众的环境保护意识显得尤为重要，它是保障这一进程健康有序进行的重要屏障。

为实现这一目标，教育体系应发挥核心作用，学校应加大对环境保护教育的投入，通过丰富多样的教学活动，让学生从小树立环保意识，形成绿色生活方式。政府则需扮演好监管者的角色，加大环境监管力度，制定并执行严格的环保法规，确保各项环保政策得到有效落实。同时，政府还应积极引导社会各界参与环保行动，形成良好的环保氛围。

此外，每位个体都是环境保护不可或缺的力量。增强个人环保意识，意味着每个人都要从自我做起，从点滴小事做起，比如减少使用一次性用品、参与垃圾分类、节约用水用电等，这些看似微不足道的行动，汇聚起来就能产生巨大的环保效应。

2.完善政府关于草原生态保护的政策法规体系

当前，内蒙古自治区正面临资源日益紧张、环境承载力脆弱以及生态系统逐步退化的严峻挑战，这迫切要求精准而全面地理解绿色发展的理念、策略及实施路径，全面提升实施绿色发展战略的能力。为此，政府必须采取果断而有力的措施，以应对这些挑战并推动绿色转型。

在那达慕文化与旅游深度融合的发展道路上，草原生态环境的保护不仅是其品质的核心保障，更是实现可持续发展的关键所在。为此，首要任务是完善并强化相关法律法规体系，为草原保护提供坚实的法律支撑。这包括制定或修订专门的草原保护法律法规，明确界定各方责任与权利，同时加大对

第七章　生态文明建设的典型案例

违法破坏草原生态行为的惩处力度，形成有效的震慑作用。

各级政府部门在执行草原保护政策时，必须严格遵循法律框架，确保政策的科学性、合理性和可操作性。这要求政府不仅要加强草原资源的有效保护，防止过度放牧和非法开垦，还要积极推进草原生态修复与建设项目，提升草原的自我恢复能力和生态系统服务功能。同时，要合理规划草原资源的使用，促进草原畜牧业与旅游业的协调发展，实现草原保护与经济发展的双赢。

3.促进企业全面规划并开发资源利用

那达慕文化的文旅融合发展，是深度整合文化与旅游资源、充分挖掘与利用地域特色优势、显著提升文旅产业整体品质的战略举措，旨在驱动经济社会向更高质量发展迈进。在这一过程中，维护良好的草原生态环境是不可或缺的基石，它直接关系到那达慕文化生命力的延续与文旅融合发展的可持续性。因此，企业在参与那达慕文化文旅融合发展的过程中，必须秉持科学合理的开发理念，坚决避免短视行为导致的资源过度开采，以防对脆弱的草原、湖区等自然生态环境造成不可逆的污染与破坏。企业应认识到，不合理的开发模式不仅会削弱旅游业长期发展的资源支撑，还会破坏人与自然和谐共生的美好愿景，影响社会的整体福祉。

为了促进内蒙古自治区文旅产业的高质量发展，相关部门及企业应主动顺应新时代的发展要求，敏锐捕捉并引领市场消费的新趋势。通过系统规划、协调配置文旅资源及其关键要素，加速推动内蒙古自治区文旅产业的转型升级与提质增效。这一过程中，应坚持政策创新为引领，机制创新为保障，模式创新为动力，全方位构建文旅产业高质量发展的新格局。

（二）科技的赋能作用促进了数字化的可持续发展进程

1.资源整合，科技与文化共同推进

我国文化和旅游部隆重公布了2023年度文化和旅游数字化创新示范的"十佳案例"及34个"优秀案例"，这些成功案例为业界树立了标杆，提供了宝贵的经验借鉴。在推动文化与旅游深度融合的进程中，可以积极汲取这些示范案例的精髓，借助科学技术的力量，与文化元素深度融合，对现有旅游资源进行深度整合与创新升级。具体而言，可以探索"科学技术+那达慕文化"的融合发展新模式，融入"研学旅行""教育普及""体育竞技"及"生态保护"等多重元素，打造独具特色的旅游体验。这样的创新尝试不仅能够促进旅游产业的转型升级，实现跨越式发展，还能更好地满足旅游者对多元化、高品质旅游产品的需求。同时，将现代科学技术与旅游产品、教学产品、体育产品等紧密结合，通过资源整合与合理利用，不仅能够提升旅游产品的科技含量与附加值，还能在保护生态环境的前提下，推动旅游与其他相关行业的协同发展。这种多元化的融合发展模式，不仅能够丰富旅游市场的供给，还能激发旅游消费的新活力，为旅游产业的可持续发展注入强劲动力。

2.运用技术手段，实现沉浸式体验

运用人工智能、虚拟现实等前沿数字技术，为那达慕文化的传承与创新注入强劲动力，旨在推动其实现高质量发展。通过现代科技手段，可以精心设计舞台情景展演，打造沉浸式体验，让古老的那达慕文化焕发新的生机。以呼和浩特市成功上演的《千古马颂》为例，这部舞台剧以其全方位的艺术展现和高度融合的现代科技应用，为观众呈现了一场视听盛宴。借助最新的音响、灯光等高科技设备，舞台效果达到了极致，使观众仿佛穿越时空，置身于剧情之中，感受那份震撼与感动。借鉴《千古马颂》的成功经验，可以将那达慕文化的深厚底蕴与现代科技相结合，应用于文旅项目中。通过深入挖掘那达慕所承载的丰富历史故事与民族风情，运用虚拟现实、增强现实等技术，构建逼真的历史场景，让游客在互动体验中深入了解那达慕文化的独特魅力。同时，增加游客互动环节是提升参与度的关键。可以设计一系列互动游戏、角色扮演等活动，让游客在参与中感受那达慕文化的乐趣与魅力。通过技术手段实现游客与场景的实时互动，不仅能让游客更加深入地了解那达慕文化，还能增强他们的参与感，提高其满意度，为文旅项目增添更多亮点和吸引力（图7-4-1）。

第七章　生态文明建设的典型案例

图7-4-1　千古马颂

3.科技的互动性，拓展了传播的途径

随着融媒体的蓬勃兴起，旅游业的宣传与推广迎来了前所未有的广阔舞台。新媒体，如微博、微信、短视频等，已深深融入我们的日常生活，成为信息传播与交流的重要渠道。那达慕文化，这一独特的民族瑰宝，正可借助"互联网+"的传媒优势，通过新媒体的活力注入，实现文化的生动展现与广泛传播。具体而言，可以利用新媒体平台，打造那达慕文化的专属自媒体矩阵，通过精心策划的公益广告、富有地域特色的照片集以及引人入胜的短视频内容，在微博、微信及短视频平台上进行高频次、高质量的推广。这些内容不仅能够直观展现那达慕文化的魅力，还能激发公众的兴趣与好奇心，引导更多人深入了解并关注这一文化现象。同时，还应积极探索那达慕文化与其他领域的跨界融合，不断推陈出新，打造具有创新性和吸引力的旅游产品。通过市场调研和网络调查，精准把握公众对那达慕文化的兴趣点，结合现代旅游消费趋势，设计一系列互动性强、体验感佳的旅游活动，让游客在亲身体验中深刻感受那达慕文化的独特韵味，从而形成那达慕旅游品牌独有的特色与优势。

(三)以民族特色为核心,发展多项经济产业链

将传统节日文化与旅游深度融合,是驱动经济高质量发展的重要途径之一。在那达慕文化引领的文旅融合进程中,通过多元产业的交叉融合与创新碰撞,催生了新颖的文旅业态与经营模式。为此,应积极构建多元化的文旅经济产业链,探索并推广创新的合作参与机制,以激发新的增长点。具体而言,可以鼓励牧民将自身资源如牛羊养殖、传统手工艺及闲置资金等,以入股形式参与那达慕文旅项目,实现资源共享与互利共赢。同时,促进文旅企业与当地美丽嘎查示范点、家庭牧场等建立紧密合作关系,通过资源整合与优势互补,带动整个区域的那达慕文旅融合发展。

为确保合作的长期稳定性与可持续性,必须明确并落实收益分配机制,采用合同签约制度来规范合作双方的权利与义务,从而最大限度地保障各方利益,为融合发展奠定坚实基础。

此外,深入挖掘并生动展现地方独特的历史文化底蕴与丰富的人文资源,是推动文旅资源深度融合的关键。应积极促进文化与旅游业态、旅游产品以及旅游市场的深度融合,通过优势互补与协同发展,形成强大的发展合力。这不仅有助于提升旅游产品的文化内涵与附加值,还能增强游客的文化体验与满意度,为内蒙古自治区的高质量发展注入新的活力与动力。

第五节 数字化转型推进黄河流域怀川地区生态治理

一、黄河流域怀川地区的生态治理情况

怀川地区作为黄河流域不可或缺的关键一环,坐拥得天独厚的地理位置与复杂多变的生态环境,肩负着既保护生态又促进经济发展的双重使命。其

第七章　生态文明建设的典型案例

沿黄河绵延约120公里的壮丽画卷上，不仅铺展着肥沃的耕地、浩瀚的湿地保护区，还孕育了数以百计的珍稀动植物种类，以及星罗棋布的历史文化遗迹与生态旅游瑰宝，其中，超过300处的重点文物保护单位，更是古黄河文化研究的璀璨明珠。然而，这片富饶之地也面临着生态治理的严峻考验：生态退化迹象显现，水土流失问题加剧，环境污染阴霾不散，每一项都威胁着这片土地的可持续发展。加之区域内约15万居民的生活与黄河滩区及周边自然资源紧密相连，使得环境保护与民生福祉的平衡显得尤为重要。

当前，怀川地区的生态环境管理体制尚存短板，部门间壁垒尚未完全打破，协同治理机制亟待完善，这直接影响了生态治理的效率和成效。同时，随着工业化和农业现代化的推进，区域环境承受的压力与日俱增，水资源管理低效，自然保护区的管理与维护亦面临诸多挑战。

鉴于此，怀川地区亟须构建一个集多元化、协同性于一体的全新生态环境管理体系。这一体系将深度融合现代管理理念与先进技术手段，强化跨部门、跨区域的合作联动，实现资源的最优配置与生态治理的精准施策。

二、在数字化转型的背景下，怀川地区生态治理特征的分析

（一）技术驱动的监测与管理

在数字化转型的浪潮中，怀川地区在生态治理领域展现出了鲜明的技术引领特色，其核心在于采用高科技手段进行环境监测与智能化管理。依托大数据、物联网（IoT）、人工智能（AI）等前沿信息技术，该地区构建了一套高效、精准的生态环境监控体系。具体而言，通过在关键区域部署传感器网络，怀川能够实时采集包括河流水质、空气质量、土壤湿度等在内的多维度环境数据。这些数据随后被输入至大数据平台进行深度挖掘与分析，使得任何潜在的环境问题都能被迅速识别并触发预警机制，有效避免了环境恶化的进一步发展。

此外，AI技术的融入更是为生态治理增添了智慧之光。它不仅能够分析海量历史数据，揭示环境变化的内在规律，还能基于这些规律对未来环境趋势进行精准预测，为政府及相关部门制定科学、前瞻性的治理策略提供了强有力的数据支撑。

这种技术驱动型的生态治理模式，不仅显著提升了治理工作的效率和精确度，还增强了怀川地区应对复杂生态环境挑战的能力。它标志着该地区在数字化转型的征程上，已迈出了坚实的一步，向着更加绿色、可持续的发展目标稳步前进。

（二）公众参与和社会协同发展

数字化转型极大地推动了怀川地区生态治理中公众参与与社会协同的深度融合。政府及环保机构利用在线平台和移动应用，构建起一座连接政府与民众的桥梁，实时发布环境监测数据、生态治理的最新进展以及环保科普知识，有效激发了公众的环保意识与参与度。这些平台不仅成为公众获取环保信息的重要窗口，也促进了公众由旁观者向积极参与者的角色转变。同时，这些数字化渠道还赋予了公众发声的机会，让他们能够便捷地反馈身边的环境问题，提出改善建议，甚至直接参与到各类环境保护活动中去。这种双向互动的机制，增强了政府与公众之间的沟通与信任，为生态治理注入了更多的社会动力。

此外，数字化转型还促进了跨区域、跨部门及企业之间的紧密合作。通过构建数据共享平台，各方能够无缝对接，共同分析环境问题，协调资源分配，形成合力应对生态治理中的复杂挑战。这种协同作战的模式，不仅提高了治理效率，也避免了重复劳动和资源浪费。

最终，这种公众参与与社会协同发展的数字化治理模式，不仅提升了生态治理的透明度和公信力，更在全社会范围内营造了浓厚的环保氛围，增强了人们对生态环境保护的共识与责任感。这将是推动怀川地区乃至更广泛区域实现绿色可持续发展的重要力量。

（三）可持续发展与生态文明建设

在数字化转型的深刻影响下，怀川地区的生态治理愈发聚焦于可持续发展与生态文明建设的核心理念。该地区积极拥抱绿色低碳的技术革新与管理模式，力求在经济发展与环境保护之间找到和谐共生的平衡点。具体而言，通过大力推广清洁能源、智能农业以及绿色建筑等先进实践，怀川有效降低了经济社会发展对自然资源的过度依赖和对生态环境的负面影响，促进了生产方式与消费模式的绿色转型。同时，怀川还致力于实施一系列生态修复项目，如湿地生态系统的精心保护、大规模的植树造林行动等，这些举措不仅有效遏制了生态退化，还显著增强了地区生态系统的自我恢复与调节能力，为生物多样性保护提供了坚实保障。

值得注意的是，这一系列以数字化技术为坚强后盾的可持续发展战略，不仅推动了怀川地区经济社会向更加绿色、低碳、循环的方向转变，也为全国的生态文明建设探索出了新的路径与方法。

三、推动黄河流域生态治理的现实途径：数字化转型的实施

（一）构建集成化的环境监测与数据分析平台

运用物联网技术搭建全覆盖的环境感知网络，通过在重点区域布设多种类型的前端传感器，全面收集黄河流域的水质传感器数据、大气环境数据、土壤温湿数据等环境数据。数据通过无线网络上传至云端实时汇总、存储，利用大数据分析技术深入挖掘环保背后逻辑，建立黄河流域综合环境监控与分析决策系统，实现数据的可视化展示，具备提供动态环境质量地图、污染热点地图、污染源信息等功能，辅助管理人员及时掌握环境概况、科学制定管理决策。同时，平台可将历史数据予以整理显示，研判环境发展趋势，为长期生态治理规划提供数据支持。

怀川地区在综合性环境监测与数据分析平台运用实践过程中，采用了以下具体措施：一是技术团队在怀川地区关键环境监测点，如河流、空气质量监测站、关键土壤区域等，部署了多元化物联网传感器，用以实时监测采集水质参数（如PH、DO）、大气污染物（如PM2.5、二氧化硫）及土壤湿度等数据。技术人员须定期对传感器进行维护与校准，确保数据的准确性和可靠性。通过安全的无线网络，监测数据实时传输至云平台。二是云平台负责进行数据的汇总与存储，并提供强大的计算能力支撑数据处理与分析，云平台的设计需要考虑数据的安全性和隐私保护，确保传输和储存过程中数据不被未授权访问。三是应用大数据分析技术，对收集到的数据进行深入分析，技术团队通过建立环境监测与数据分析模型，识别潜在的环境风险和污染源。四是应用机器学习算法，借助平台预测未来的环境变化趋势，辅助制定更加有效的治理措施。五是应用数据可视化技术，将复杂的数据转化为直观的图表和地图，使得决策者可以轻松了解环境状况，技术团队需开发友好的用户界面，展示环境质量地图、污染热点地图等，提供实时的环境监测信息。

（二）推广智能化水资源管理系统

基于云AI技术构建智能水资源管理系统，对黄河流域水资源进行高效管理。系统集成水文、气象、水质等多源数据，通过AI算法进行数据分析和模型预测，实现对水资源供需状况的精准把握和调度。借助智能预警功能，系统能够在极端天气或水质异常情况下，及时发出预警信息，指导水资源紧急调度和污染应对措施。该系统不仅能够提升水资源利用效率、减低浪费，还能够有效地预防水污染和水灾害，保障流域内居民的饮水安全。

怀川地区在实践中，应用数字技术构建起了以水资源管理为核心的综合管理系统。开发团队依托云计算技术建立了数据中心，构建起了强大的数据融合、分析和处理能力，从而实现实时捕获和同步水文、气象、水质等多源监测数据。这一系统以其感知全覆盖特点，覆盖了怀川地区主要河流、湖泊、水库以及地下水获取多种指标的数据来源，包括但不限于降水、水位、流量、溶解氧、PH值等。建立了高速且完善的数据传输网络，保障信息的实时新鲜和顺畅转移。而在数据的智能化应用方面，使用AI算法特别是机器学习和深度学习技术对收集的大批量数据开展分析和处理，从而准确预报供水资源的供需情况，及时探测和预警水质变差或污染事件。通过AI建模不仅基于历史数据来学会预测未来水资源变化趋势，也能预演在极端气候条件下的水资源需求，为科学调度和配置水资源提供扎实依据。最后，在这个系统中内嵌的智慧预警机制，能够在检测到极端天气事件或水质指标出现不寻常变化时，自动启动预警通报，向管理人员和公众及时发送提醒。

（三）开展智慧林业与生物多样性保护项目

运用先进的卫星遥感与无人机自动巡查体系，全面监测黄河流域的森林覆盖比例、生物多样性丰富度及生态退化动态。依托图像智能识别与大数据分析技术，快速定位森林病虫害、非法砍伐等威胁，有效守护森林资源安全。此外，通过集成地理信息系统（GIS），构建详尽的生物多样性信息数据库，记录并解析生物种类的空间分布特征，为生物多样性保护策略的制定提供坚实的数据支撑。进一步地，利用虚拟现实（VR）与增强现实（AR）技术，创新开发沉浸式生态教育及自然体验平台，深化公众的生态保护认知，并激发其积极参与生态保护行动。

在怀川地区推进智慧林业与生物多样性保护项目的实施过程中，精心部署了一系列前沿的数字化技术与工具，旨在实现对森林覆盖率、生物多样性状况及生态退化态势的精准监测与高效管理。首要举措是借助卫星遥感技术与无人机巡查系统的深度融合，这两项技术如同"天眼"与"空中卫士"，捕捉到了高清晰度的图像资料。通过这些数据，技术人员能够即时洞悉森林的健康状态、覆盖范围的动态变化以及潜在的非法活动迹象。借助先进的图像识别算法，系统能自动标注受损区域及异常活动，极大地缩短了监测周期，提升了应急反应速度。

在此基础上，利用GIS（地理信息系统）技术构建了一个综合性的生物多样性信息数据库，它不仅是怀川地区生物多样性的"数字档案馆"，还具备实时数据更新与分析的强大功能。该数据库详尽记录了区域内各类植物与动物物种的分布模式，为科学制定与调整保护策略提供了坚实的数据支撑和决策依据。

为了拓宽生态保护的社会参与面，增强公众意识，创新性地开发了基于VR（虚拟现实）与AR（增强现实）技术的生态教育应用。这些应用通过创造沉浸式的自然环境体验，让用户能够身临其境地感受生态系统的微妙与壮丽，从而在潜移默化中提升公众的环保责任感和学习兴趣。

为确保整个系统的顺畅运行与数据质量，技术团队负责定期对无人机、卫星接收站等关键硬件设施进行维护升级，保障数据采集的连续性和精确性。同时，数据分析团队利用前沿的AI算法不断优化数据处理流程，实现自动识别与分析能力的飞跃式提升。最终，管理人员依托数据库中的实时数据与分析报告，能够迅速制定出最适宜的保护措施与应对策略，如划定新的保护区、启动森林生态恢复项目等，为怀川地区的智慧林业与生物多样性保护事业注入源源不断的动力。

（四）构建以区块链技术为基础的环境治理与资源交易市场平台

利用区块链技术的固有特性——不可篡改性和高度透明性，怀川地区成功搭建了一个环境治理与资源交易的数字平台。该平台作为环境资源流转的"数字守护者"，详尽记录并追踪污染排放、碳排放权交易、水资源交易等关键信息，确保了每一笔交易的真实性与公正性。通过集成智能合约功能，该平台能够自动执行环境保护法规及资源交易协议，极大地降低了行政监管的复杂性与成本，同时提升了执行效率与公信力。此外，该平台还创新性地提供了碳足迹计算工具，为公众、企业及个人量身定制低碳生活指南，倡导绿色消费理念，进一步激发了社会各界参与黄河流域可持续发展与生态文明建设的热情。这一举措不仅促进了资源的高效配置与合理利用，还加深了民众对环境保护重要性的认识。

怀川地区在区块链技术的赋能下，环境资源管理实现了质的飞跃。其构建的去中心化、可信的区块链记录系统，不仅为政府决策提供了即时、精确的数据支持，也为企业间的资源交易搭建了一个公平、透明的舞台。智能合约的自动化执行机制，有效遏制了欺诈与违约行为，为市场诚信体系的建设奠定了坚实基础。

第七章　生态文明建设的典型案例

综上所述，怀川地区的生态治理实践展现了数字化转型的强大力量与深远影响。通过综合运用现代科技手段，该地区在环境监测、水资源管理、林业保护与生物多样性维护等多个领域取得了显著成效，为黄河流域乃至全国的生态治理现代化探索出了一条创新之路。这些宝贵经验不仅为其他地区提供了可借鉴的模式，更为推动全球可持续发展与生态文明建设贡献了中国智慧与力量。

第八章　地理教学中融入生态文明教育的对策

随着全球生态破坏、环境污染、资源短缺等问题的日益严峻，生态文明教育已成为时代赋予教育的重要使命。地理学科以其独特的空间视角和综合性特点，在生态文明教育中扮演着不可替代的角色。本章旨在深入探讨如何在地理教学中有效融入生态文明教育，通过一系列切实可行的对策，有效提升学生的生态文明素养，培养他们的环保意识和可持续发展理念。

第一节　地理课程与生态文明教育的内在联系

在探讨生态文明建设的广阔领域中，地理课程以其独特的学科视角和丰富的内容体系，与生态文明教育之间存在着紧密而深刻的内在联系。这种联系不仅体现在地理学科对自然环境和人类活动关系的深刻研究上，更在于其对学生生态文明意识培养、可持续发展观念树立等所发挥的重要作用。

第八章　地理教学中融入生态文明教育的对策

一、地理学科的核心价值与生态文明教育的契合

地理学科作为探索地球表层自然与人文要素间错综复杂关系及其动态演变的科学，其核心聚焦于解析人地关系的深刻内涵。这一关系双向而紧密，既展示了人类活动如何塑造并影响自然环境，又凸显了自然环境如何作为边界条件，限制并引导着人类社会的发展轨迹。正是基于这种双重视角，地理学科与生态文明教育所秉持的"人与自然和谐共生"核心理念不谋而合，共同指向了一个愿景：在尊重自然规律、顺应自然规律的基础上，实现人类社会的可持续发展。

在地理学习的旅程中，学生们将踏上一段深刻理解自然环境脆弱性的征途。他们将通过案例分析、实地考察等方式，目睹气候变暖、水土流失、土地退化、土地荒漠化、森林减少、草场破坏、生物多样性减少、水体污染等环境问题的严峻现实，从而认识到保护自然、维护生态平衡的重要性。同时，地理学科还致力于揭示人类活动可持续性的真谛，引导学生思考如何在满足当代人需求的同时，不损害后代人满足其需求的能力。

这一过程不仅是知识的积累，更是观念的转变。通过地理学习，学生们将逐渐树立起正确的生态观、资源观和环境观，学会以更加敬畏自然、珍惜资源、保护环境的心态去审视和行动。他们将意识到，人与自然不是对立的双方，而是命运与共的伙伴，只有实现和谐共生，才能确保地球家园的繁荣与永续。

二、地理课程内容与生态文明教育的融合

地理课程的内容犹如一幅丰富多彩的画卷，广泛涵盖了自然地理的壮丽景观、人文地理的深厚底蕴以及区域地理的多样特色。这些多元化的内容不仅是学术探索的宝库，更是与生态文明教育紧密相连的生动素材与实例。

在自然地理的篇章中，学生们得以深入探索气候的变幻莫测、水文的循环不息、地貌的沧桑巨变、生物多姿多彩等自然要素的奥秘，以及它们如何

共同塑造着地球的生态环境。这一过程让学生深刻体会自然环境的复杂性和脆弱性，进而认识保护自然、维护生态平衡的重要性。

转至人文地理的领域，课程内容的核心是人地关系的探讨，聚焦于人类活动对环境的深远影响。学生们将探讨人口增长、人口素质、人口结构、人口迁移的挑战、产业结构的调整和演变、城市化的进程、资源开发利用的双刃剑效应等议题，思考这些活动如何给环境带来压力，并寻求合理的应对策略。这样的学习不仅拓宽了学生的视野，也激发了他们对于生态文明建设紧迫性的认识，以及积极参与其中的责任感。

三、地理教学方法与生态文明教育的相互促进

地理教学采用多样化且灵活的方法，其精髓在于激发学生的实践能力与创新思维。在生态文明教育的广阔舞台上，这些方法展现出了无可替代的价值。通过一系列实践活动，如实地考察和社会调查，学生们能够亲身踏入自然与社会的交织之中，直面生态环境问题的真实面貌，体验其严峻性与复杂性。这种直接的感官冲击，往往能深刻触动学生的内心，让他们对生态文明建设的紧迫性和必要性产生更为深切的认识。此外，地理教学还巧妙地运用小组合作和案例分析等模式，鼓励学生以团队的形式深入剖析环境问题，探讨解决方案。这一过程不仅锻炼了学生分析问题、解决问题的能力，还促进了他们之间的沟通交流与协作，培养了宝贵的团队合作精神。这些能力如同构建生态文明大厦的砖石，对于推动生态文明建设的进程具有至关重要的作用。

四、地理课程在生态文明教育中的独特作用

地理课程在生态文明教育领域扮演着举足轻重的角色，其独特作用体现在多个维度。

首先，它构建了一个全面而深入的生态环境认知平台。在这个平台上，学生得以系统地学习生态环境的基础知识与理论架构，构建起对自然世界与人类活动相互关系的清晰理解。这一过程不仅拓宽了学生的知识视野，更为他们日后投身于生态文明实践奠定了坚实的理论基础。

其次，地理课程尤为注重对学生实践能力和创新思维的培育。在生态文明建设的征途中，面对层出不穷的环境挑战，这些能力显得尤为重要。通过地理课程的实践环节，如实地考察、项目研究等，学生得以将所学知识应用于解决实际问题之中，锻炼其发现问题、分析问题并寻求创新解决方案的能力。这种能力的培养，为生态文明领域注入了源源不断的活力与创造力。

最后，地理课程还肩负着塑造学生责任感与使命感的重任。通过引导学生关注生态环境现状、参与生态文明建设实践等活动，课程旨在激发学生的环保意识与爱国情怀。让学生深刻认识到，作为地球村的一员，他们有责任也有能力为保护家园、促进可持续发展贡献自己的力量。这种责任感与使命感的培养，将激励学生成长为具有强烈社会责任感和使命感的公民，为生态文明建设的伟大事业添砖加瓦。

第二节　地理教学中融入生态文明教育的现状

一、生态文明教育受到重视但实施效果不理想

生态文明教育作为当代教育体系中的重要组成部分，近年来受到了前所未有的重视。这种重视源于全球范围内对环境保护和可持续发展的迫切需求，以及国家层面对生态文明建设的战略部署。从政策制定到教育实践，各个层面都在努力将生态文明理念融入教育体系之中，以期培养出具有环保意识、生态素养和可持续发展能力的未来公民。然而，尽管生态文明教育在理

念上得到了广泛的认同和推崇,但在具体实施过程中,其效果却并不如预期那样理想。这种不理想主要体现在以下几个方面:

首先,理论与实践的脱节是制约生态文明教育效果的关键因素之一。尽管在理论上,生态文明教育被赋予了极高的期望和重要性,但在实际教学中,往往因为缺乏具体可行的实施方案、教学资源不足或教师自身生态素养有限等原因,导致生态文明教育难以真正落地生根。学生可能在课堂上听到了许多关于环保和生态的知识,但在日常生活中却难以将这些知识转化为实际行动。

其次,应试教育体制对生态文明教育的冲击也不容忽视。在当前的教育体系中,考试成绩仍然是评价学生优劣的主要标准。因此,教师和学生往往更加关注与考试直接相关的学科知识,而对于生态文明等非考试科目则缺乏足够的重视和投入。这种功利化的教育导向使得生态文明教育难以获得应有的关注和支持,其效果自然也难以保证。

最后,社会环境和家庭教育的缺失也是影响生态文明教育效果的重要因素。生态文明教育不仅仅是学校的责任,更需要全社会的共同参与和努力。然而在现实生活中,我们不难发现,许多家长和社会成员对生态文明教育的认识还不够深入,缺乏必要的环保意识和行动。这种社会环境和家庭教育的缺失使得学生在接受生态文明教育时缺乏必要的支持和引导,难以形成持久的环保习惯和生态素养。

二、生态文明教育实施缺乏目标指导

在地理教学中融入生态文明教育的现状中,存在生态文明教育实施缺乏目标指导的问题。这一问题主要体现在以下几个方面:

(一)教学目标不明确

在地理教学中,虽然许多教师已经意识到生态文明教育的重要性,但在实际教学过程中,往往缺乏明确的教学目标。这导致教师在授课时难以把握教学重点，也无法有效地评估学生的学习效果。没有明确的教学目标，学生也难以明确自己的学习方向和重点，从而影响生态文明教育的实施效果。

（二）课程设计不系统

由于缺乏明确的教学目标指导，地理教学中的生态文明教育往往难以形成系统的课程设计。教学内容可能零散、不连贯，缺乏深度和广度。这不仅影响了学生对生态文明知识的理解和掌握，也限制了他们在实践中应用这些知识的能力。

（三）教学方法单一

在缺乏目标指导的情况下，地理教师在融入生态文明教育时可能采用的教学方法较为单一。传统的讲授式教学难以激发学生的学习兴趣和积极性，也无法满足他们多样化的学习需求。因此，需要探索更多元化、更具创新性的教学方法，以提高生态文明教育的实施效果。

（四）评价体系不完善

目前，地理教学中融入生态文明教育的评价体系还不够完善。传统的考试评价方式难以全面反映学生在生态文明方面的素养和能力。因此，需要建立更加科学、全面的评价体系，以更准确地评估学生的学习效果，为教学改进提供有力支持。

三、生态文明教育实施内容散乱无体系

地理教学中生态文明教育实施内容散乱无体系的原因主要包括以下几点：

（一）学校和教师对生态文明教育重视度不够

在部分学校的生态文明教育实践中，存在认识不足与重视不够的问题，未能将这一领域视为教学体系中不可或缺的一环，进而造成教育内容的零散与缺乏连贯性，影响了生态文明理念在学生中的深入传播与有效内化。

（二）课程体系建设不完善

在地理课程的教学实践中，关于生态文明教育的内容确实可能显得较为零散，缺乏一个系统而完整的课程体系来支撑。这种情况往往导致学生在学习过程中难以形成全面而深刻的理解，从而影响了生态文明教育的整体教学效果。为了改善这一状况，学校和教育者应当致力于构建一个涵盖生态基础知识、环境问题分析、可持续发展策略及生态文明价值观培养等多方面的综合课程体系。通过这样的体系，不仅能够确保教学内容的系统性和连续性，还能有效提升学生的环保意识和实践能力，促进生态文明理念在地理课程中的深度融入与广泛传播。

（三）缺乏体验式的实践教学

生态文明教育的深化迫切需要实践活动的融入，以强化学生的理解力与体验感。然而，当前的教学实践中，可能存在着与实践脱节的现象，缺乏将理论知识与实际操作紧密结合的环节。这种状况下，学生往往难以将课堂上所学到的生态文明理论有效转化为日常生活中的实际行动，限制了教育效果。因此，为了提升学生的实践能力与环保责任感，必须加强生态文明教育与实践活动的结合，构建更为全面、立体的教学体系。

（四）教学资源和教学方法的局限性

可能存在教学资源不足、教学方法单一等问题，这些问题限制了生态文明教育的有效实施。

第八章　地理教学中融入生态文明教育的对策

教学资源不足主要体现在以下几个方面：首先，缺乏专门的生态文明教育教材和教辅材料，使得教学内容难以系统化和标准化；其次，实践活动的开展往往需要特定的场地、设备和资金支持，而这些资源的匮乏直接影响了实践活动的广度和深度；最后，师资力量的不足也是教学资源不足的一个重要表现，缺乏具备生态文明专业知识和教学经验的教师，难以保证教学质量和效果。

教学方法单一则主要表现在过分依赖传统的讲授式教学，忽视了学生的主体性和参与性。传统的讲授式教学虽然能够传授知识，但往往难以激发学生的学习兴趣和积极性，更难以培养他们的实践能力和创新思维。在生态文明教育中，单一的教学方法无法满足学生多样化的学习需求，也无法充分展现生态文明理念的丰富内涵和实际应用价值。

（五）素质教育实施不够完善

在某些地区或学校内，素质教育的全面推行尚待进一步深化，这一现状直接影响了包括生态文明教育在内的综合性教育内容的受重视程度与具体实施效果。由于素质教育理念的未全面落地，往往使得生态文明教育等关键领域在教育体系中未能占据其应有的位置，导致教育资源分配不均、教学时间不足、师资力量薄弱等问题频现，从而制约了学生对生态文明理念的深入理解和实践能力的有效提升。因此，加强素质教育理念的贯彻与实施，是提升生态文明教育等综合性教育质量的重要途径。

（六）政策支持和教育指导不足

在某些情况下，生态文明教育的有效实施可能受限于缺乏来自教育行政部门的明确指导和强有力的政策支持。这种缺失可能导致学校和教师在推进生态文明教育时面临方向不明、动力不足的问题。教育行政部门的明确指导能够为学校提供清晰的实施路径和标准，确保教育内容的系统性和连贯性；而有力的政策支持则能够激励学校和教师积极投身于生态文明教育的实践中，为其提供必要的资源和保障。因此，加强教育行政部门的指导与支持，对于推动生态文明教育在各级各类学校的深入开展具有重要意义。

四、学生的生态文明素养水平发展不均

地理教学中学生的生态文明素养水平发展不均是一个复杂而多维的问题，主要可以归结为以下几个方面：

（一）教学资源与条件差异

1.资源分配不均

不同地区、不同学校之间的教学资源存在显著差异，包括教材、教具、实践基地等。资源丰富的学校能够为学生提供更多元化的学习体验，而资源匮乏的学校则可能难以满足学生的基本学习需求，从而影响生态文明素养的提升。

2.教师素质与培训

地理教师的生态文明素养和教学能力直接影响到学生的培养效果。然而，目前地理教师队伍中，关于生态文明教育的专业培训和知识储备存在差异，部分教师可能缺乏深入理解和有效的教学方法。

（二）学生个体差异

1.学习兴趣与动力

学生在面对地理和生态文明学习时的兴趣和动力展现出了显著的多样性。一方面，有部分学生对这些领域展现出浓厚的兴趣和强烈的学习动力，他们可能天生对自然界的奥秘充满好奇，对环保和可持续发展问题有着深厚的关切，因此能够积极投入学习，成效显著。另一方面，也有部分学生可能对这些内容缺乏兴趣或学习动力不足，这可能是由于个人兴趣差异、学习方法不适应或是对生态文明概念的认知不足等原因所致，进而导致他们在学

第八章 地理教学中融入生态文明教育的对策

习过程中的投入度和成效有所不足,使得整体学习效果呈现出参差不齐的状态。

2.学习基础与能力

学生的地理学习基础与个体学习能力在生态文明教育方面呈现出显著的差异性。一部分学生由于先前的学习经历或自身兴趣,已经积累了较为扎实的环保意识和知识基础,这使得他们在接触生态文明教育的内容时能够迅速理解并内化所学,展现出较高的学习效率。然而,另一部分学生可能由于地理基础薄弱或学习能力上的差异,在理解生态文明相关概念时存在较大困难,需要更多的时间和个性化的辅导才能逐步掌握。这种差异性的存在,要求教师在实施生态文明教育时,需充分考虑学生的实际情况,采取灵活多样的教学策略,以满足不同学生的学习需求。

(三)家庭与社会环境影响

1.家庭教育

家庭作为学生成长不可或缺的摇篮,其环境氛围对学生具有深远而潜移默化的影响。家长作为孩子的第一任老师,他们对生态文明的态度与日常行为举止,更是孩子形成环保观念和行为习惯的重要参照。当家长自身缺乏环保意识,或在日常生活中表现出与生态文明相悖的行为时,这种负面示范很可能被孩子模仿和内化,从而对其生态文明素养的培育构成不利影响。因此,提升家长的环保意识和行为规范,是促进学生生态文明素养提升的重要途径之一。

2.社会环境

社会风气与公众对生态文明的重视程度,深刻影响着学生的素养塑造。当社会上频繁出现破坏环境、忽视可持续发展的行为或现象时,这种负面环境氛围可能会削弱学生对生态文明教育价值的认同感,进而降低他们将所学知识付诸实践的动力。相反,如果社会普遍重视生态文明建设,倡导绿色、低碳的生活方式,那么这种正面氛围将激励学生更加积极地参与环保行动,提升他们的生态文明素养水平。因此,构建一个全社会共同关注、积极参与生态文明建设的良好环境,对于培养学生的生态文明素养具有重要意义。

第三节 地理教学中融入生态文明教育的策略

在21世纪的今天,随着环境问题的日益严峻,生态文明教育已成为全球关注的焦点。地理学科作为研究地球表层自然现象和人类活动的科学,具有实施生态文明教育的独特优势。以下是在地理教学中有效融入生态文明教育的几项策略:

一、立足于地理课标,构建生态文明教育目标

立足于地理课标,构建生态文明教育目标时,应当充分考虑地理学科的特性和生态文明教育的需求,以确保教育目标既符合地理课程标准,又能有效提升学生的生态文明素养。以下是从几个关键方面构建的生态文明教育目标:

(一)知识与技能目标

1.理解生态环境基本概念

学生能够理解生态环境、生态系统、生态平衡等基本概念,认识到自然环境与人类活动的相互关系。

2.掌握生态文明知识

学生需掌握生态文明的基本概念、原则、价值观以及实现途径,了解国内外生态文明建设的现状和发展趋势。

3.地理空间认知能力

通过地理学习,学生能够识别并分析地理空间中的环境问题,如气候变化、资源短缺、环境污染等,以及这些问题对人类社会的影响。

（二）过程与方法目标

1.观察与分析能力

培养学生观察地理现象、收集地理数据、分析地理问题的能力，使其能够运用地理知识解释生态环境问题。

2.实践能力

鼓励学生参与生态文明建设实践活动，如环保宣传、社区调查、生态修复等，通过实践加深对生态文明的理解。

3.合作探究能力

在地理课堂中，组织学生进行小组合作学习，共同探究生态文明问题，培养学生的团队协作能力和创新思维。

（三）情感态度与价值观目标

1.增强环保意识

通过生态文明教育，激发学生对自然环境的热爱和保护意识，树立尊重自然、顺应自然、保护自然的生态文明理念。

2.培养责任感

使学生认识到自己在生态文明建设中的责任和义务，增强对社会的责任感和使命感。

3.形成可持续发展观

引导学生理解可持续发展的重要性，树立可持续发展的价值观，为实现美丽中国贡献自己的力量。

（四）综合目标

1.跨学科融合

将生态文明教育与地理、生物、化学等相关学科有机融合，形成跨学科的教育体系，拓宽学生的知识视野和思维广度。

2.终身发展

注重培养学生的终身学习能力，使他们在未来的生活和工作中能够持续关注并参与生态文明建设，成为具有生态文明素养的公民。

二、依托地理教材，形成生态文明教育内容体系

在地理教学中，依托地理教材形成生态文明教育内容体系，是有效融入生态文明教育、培养学生生态文明素养的关键策略。这一策略不仅有助于深化学生对地理知识的理解，还能引导他们关注环境问题，树立可持续发展的观念。

（一）教材内容的挖掘与整合

地理教材是教学的基础，其中蕴含着丰富的生态文明教育资源。教师应深入挖掘教材中的相关内容，如自然资源的分布与利用、生态系统的结构与功能、环境问题的成因与影响等，将其与生态文明教育紧密结合。同时，整合不同章节、不同主题之间的内容，形成系统、连贯的生态文明教育内容体系。

（二）生态文明理念的渗透

在教学过程中，教师应注重将生态文明理念渗透到地理知识的讲解中。通过案例分析、问题探讨等方式，引导学生认识人类活动对自然环境的影响，以及保护生态环境、实现可持续发展的重要性。同时，鼓励学生思考个人在生态文明建设中的角色和责任，激发他们的环保意识和责任感。

（三）实践活动的组织与实施

依托地理教材形成的生态文明教育内容体系，需要通过实践活动来加以

巩固和深化。教师可以组织学生开展实地考察、生态调查、环保宣传等实践活动，让学生亲身体验生态环境现状，了解环境问题的严峻性。通过实践活动，学生可以更加直观地感受生态文明建设的紧迫性和重要性，从而更加积极地参与环保行动。

（四）评价体系的建立与完善

为了检验生态文明教育的效果，教师需要建立科学、合理的评价体系。这一体系应包括对学生知识掌握情况、实践能力、情感态度等方面的评价。通过评价，教师可以及时了解学生的学习情况和存在的问题，以便调整教学策略和方法。评价结果也可以作为激励学生积极参与生态文明教育的重要手段。

（五）师资力量的培养与提升

依托地理教材形成生态文明教育内容体系，还需要教师具备较高的生态文明素养和教学能力。因此，学校应加强对地理教师的培训和教育，提高他们的生态文明意识和教学能力。通过组织专题培训、教学研讨等活动，帮助教师掌握生态文明教育的理念和方法，提升他们的教学水平和质量。

三、基于德育教育规律，把握生态文明教育开展的教学策略

基于德育教育规律，把握生态文明教育开展的教学策略，是地理教学中融入生态文明教育的重要策略。这一策略旨在通过遵循德育教育的内在规律，有效提升学生的生态文明素养，培养他们的环保意识和责任感。以下是具体的教学策略：

（一）明确教育目标，强化生态文明意识

需要明确生态文明教育的目标，即培养学生的生态文明意识、环保责任感以及可持续发展的观念。这一目标应与地理课程标准和德育教育目标相衔接，确保生态文明教育在地理教学中的有效融入。

（二）挖掘教材内容，构建生态文明知识体系

地理教材中蕴含着丰富的生态文明教育资源，教师应充分挖掘这些资源，构建系统的生态文明知识体系。通过案例教学、问题探讨等方式，引导学生了解生态环境的现状、问题以及解决途径，形成对生态文明的全面认识。

（三）注重情感培养，激发环保责任感

德育教育强调情感的培养，同样在生态文明教育中也应注重激发学生的环保责任感。教师可以通过讲述环保英雄的故事、展示环境污染的严重后果等方式，触动学生的心灵，让他们深刻认识到环保的重要性，从而自觉投身到环保行动中来。

（四）强化实践环节，提升环保能力

实践是检验真理的唯一标准，也是提升环保能力的有效途径。教师应组织学生开展实地考察、生态调查、环保宣传等实践活动，让学生在实践中了解环境问题的实际情况，掌握环保技能和方法，提升他们的环保能力。

（五）创新教学方法，提高教学效果

在生态文明教育中，教师应不断创新教学方法，采用灵活多样的教学手段，如情境教学、项目式学习等，激发学生的学习兴趣和积极性。同时，教

师还可以利用现代信息技术手段，如多媒体教学、网络教学等，拓宽学生的学习渠道和视野。

（六）建立评价体系，反馈教学效果

建立科学的评价体系是检验教学效果的重要手段。在生态文明教育中，教师应建立多元化的评价体系，包括知识掌握情况、实践能力、情感态度等方面的评价。通过评价体系的建立，教师可以及时了解学生的学习情况和存在的问题，以便调整教学策略和方法，提高教学效果。

（七）加强家校合作，形成教育合力

家庭是孩子的第一所学校，家长在孩子的成长过程中起着至关重要的作用。因此，在生态文明教育中，教师应加强与家长的沟通和合作，共同关注孩子的环保意识和行为习惯的培养。通过家校合作，可以形成教育合力，共同推动生态文明教育的深入开展。

参考文献

［1］陈士勇.新时期公民生态文明教育研究［M］.长沙：湖南师范大学出版社，2018.

［2］王丽萍.中国特色社会主义生态文明建设理论与实践研究［M］.北京：九州出版社，2018.

［3］杨玫，郭卫东.生态文明与美丽中国建设研究［M］.北京：中国水利水电出版社，2017.

［4］胡刚.中国特色社会主义生态文明建设路径研究［M］.西安：电子科学技术大学出版社，2018.

［5］李娟.中国特色社会主义生态文明建设研究［M］.北京：经济科学出版社，2013.

［6］林红梅.绿色发展理念与实现路径［M］.北京：中国大地出版社，2019.

［7］段玥婷，张吉.生态文明理论诠释与生态文化体系研究［M］.北京：中国书籍出版社，2020.

［8］曹关平.中国特色生态文明思想教育论［M］.湘潭：湘潭大学出版社，2015.

［9］中国人学学会.以人为本与中国特色社会主义［M］.北京：当代中国出版社，2009.

［10］徐莹.生态道德教育实现方法研究［M］.济南：山东人民出版社，

2013.

［11］丁祖荣，宫富，杨文培.绿色理念两型社会建设的认识基础和实践选择［M］.北京：经济科学出版社，2011.

［12］廖福霖.建设美丽中国理论与实践［M］.北京：中国社会科学出版社，2014.

［13］黎祖交.生态文明关键词［M］.北京：中国林业出版社，2018.

［14］刘亚萍，金建湘.生态文化与旅游业可持续发展［M］.北京：中国环境出版社，2014.

［15］王永平，陈伟，敖带芽.建设幸福中国［M］.广州：花城出版社，2014.

［16］张敏.论生态文明及其当代价值［M］.长春：吉林出版集团有限责任公司，2016.

［17］雍际春，张敬花，于志远.人地关系与生态文明研究［M］.北京：中国社会科学出版社，2009.

［18］何小刚.生态文明新论［M］.上海：上海社会科学院出版社，2016.

［19］《生态文明教育》编写组.生态文明教育领导干部读本［M］.北京：北京联合出版公司，2013.

［20］杨立新.当代中国先进文化建设论［M］.北京：中国社会科学出版社，2004.

［21］高标，唐恩勇，李思靓.生态文明建设与环境保护［M］.北京：台海出版社，2021.

［22］吕占华.小康社会与人的问题研究［M］.北京：中国市场出版社，2004.

［23］陕西师范大学西北历史环境与经济社会发展研究中心，陕西师范大学中国历史地理研究所.西部开发与生态环境的可持续发展［M］.西安：三秦出版社，2006.

［24］陈金清.生态文明理论与实践研究［M］.北京：人民出版社，2016.

［25］朱鹏飞，卿贵华.规划生态学［M］.北京：中国建筑工业出版社，2009.

［26］蔡守秋.生态文明建设的法律和制度［M］.北京：中国法制出版社，

2017.

［27］侯新，韩红.重庆市水资源管理法律法规及规范性文件汇编［M］.郑州：黄河水利出版社，2015.

［28］张运君，杜裕禄.大学生生态文明教育读本［M］.武汉：湖北科学技术出版社，2014.

［29］苏德.全球化与本土化多元文化教育研究［M］.北京：中央民族大学出版社，2013.

［30］赵建军.如何实现美丽中国梦［M］.北京：知识产权出版社，2014.

［31］李娟.绿色发展与国家竞争力［M］.北京：经济科学出版社，2018.

［32］张静波.生态文明与社会建设［M］.北京：中国劳动社会保障出版社，2013.